“果树栽培修剪图解丛书”
编写委员会

果树栽培修剪图解丛书

猕猴桃

果园周年管理图解

齐秀娟　主编　　肖　涛　副主编

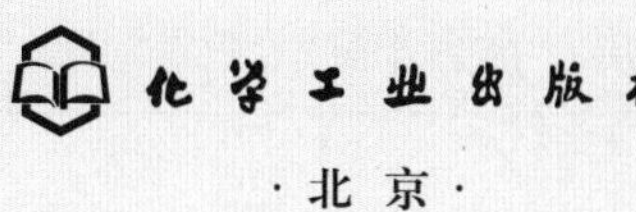

·北京·

内容简介

本书针对我国猕猴桃周年管理特点，采用图文并茂的方式，以便教学、科研和生产人员进行实际操作，具有鲜明的目的性和实用性。本书共分为九章，讲述了猕猴桃产业概况及优良品种介绍、猕猴桃树体特点及种植条件要求、2月中旬至3月下旬（萌芽前）管理、3月下旬至4月下旬（萌芽期至开花前）管理、4月下旬至5月中旬（开花期）管理、5月中旬至6月下旬（谢花后至果实膨大期）管理、6月下旬至8月下旬（新梢旺长期）管理、8月下旬至11月底（采果前至果实采收）管理、11月底至翌年2月中旬（休眠期）管理以及猕猴桃果园周年管理日历。为方便读者，本书将各物候期管理内容按树体管理、地面管理、苗圃地管理、病虫害防治进行了编写。

本书可作为高校或中等职业学院的教学用书，也可供科研及技术人员阅读参考，更适用于从事一线生产的技术人员或果农参考。

图书在版编目（CIP）数据

猕猴桃果园周年管理图解/齐秀娟主编．—2版．
—北京：化学工业出版社，2021.10
（果树栽培修剪图解丛书）
ISBN 978-7-122-39587-0

Ⅰ.①猕…　Ⅱ.①齐…　Ⅲ.①猕猴桃-果树园艺-
图解②猕猴桃-果园管理-图解　Ⅳ.①S663.4-64

中国版本图书馆CIP数据核字（2021）第142859号

责任编辑：李　丽　　　　装帧设计：韩　飞
责任校对：王鹏飞

出版发行：化学工业出版社（北京市东城区青年湖南街13号　邮政编码100011）
印　　刷：三河市航远印刷有限公司
装　　订：三河市宇新装订厂
710mm×1000mm　1/16　印张12　字数158千字　2022年1月北京第2版第1次印刷

购书咨询：010-64518888　　　　售后服务：010-64518899
网　　址：http://www.cip.com.cn
凡购买本书，如有缺损质量问题，本社销售中心负责调换。

定　　价：59.80元

本书编写人员名单

主　　编：齐秀娟

副 主 编：肖　涛

参编人员：方金豹　符江龙　吴　伟　袁云凌
陈庆红　张　蕾　潘　亮　顾　红
郭元平　彭家清　孙雷明　钟云鹏
刘志培　向桂芝

前 言

猕猴桃属于猕猴桃科（Actinidiaceae）猕猴桃属（*Actinidia* Lindl.），多年生落叶藤本植物，是20世纪野生果树人工驯化栽培最有成就的四大果树之一。它以独特的风味、富含维生素C、膳食纤维和多种矿物质及具有清肠健胃等功效深受消费者欢迎。我国是绝大多数猕猴桃属种质资源的发源地，同时又是猕猴桃果品的生产大国。根据中国园艺学会猕猴桃分会和国家猕猴桃科技创新联盟不完全统计，截至2020年全国猕猴桃总种植面积可达430万亩（1亩＝667米^2）、年总产量320万吨，二者均位居世界第一位。多数猕猴桃品种具有后熟特点，因此适合交通不便的山区发展，在国家实施精准扶贫以来，产业发展迅速，已成为我国集中连片特困地区如秦巴山片区、滇桂黔石漠化片区、武陵山片区、大别山片区、罗霄山片区脱贫致富的重要产业。

猕猴桃科技图书无论是专著或是科普读物，对我国猕猴桃的“高产、优质、高效”等方面均起着重要作用。目前我国猕猴桃从单产、品质、价格等综合指标来看不能称为产业发展优秀的国家，猕猴桃树种的栽培面积、种植管理水平与柑橘、苹果等大宗水果相比仍相差甚远。为了帮助种植者尽快掌握猕猴桃种植技术和果园管理方法，结合作者多年猕猴桃果树科研、产业推广经验，编写了《猕猴桃高产栽培整形与修剪图解》，由于本书采用了读者较为容易理解和掌握的图文并茂形式，并按周年管理进行章节划分，可以一目了然地对猕猴桃树种特性、科学建园和花果、土肥水、枝蔓管理技术进行了解，并清楚每个时间段的果园管理技术要点，为此该书的出版得到了种植户以及产业相关人士的普遍好评。为进一步展现近几年猕猴桃果园管理及品种更新特点，使大家了解产业发展概况，我们对本书进一步修订编写形成了《猕猴桃果园周年管理图解》一书，本书主要增加了新品种和管理新技术、猕猴桃产业概况以及果园周年管理日历，同时在各物候期管理时为方便读者，将编写内容按树体管理、地面管理、苗圃地管理、病虫害防治进行了编写，希望本书能成为广大种植户和广大猕猴桃树种研究者的参考用书。

该书内容主要包括猕猴桃产业概况及优良品种介绍、猕猴桃树体特点及种植条件要求、2月中旬至3月下旬（萌芽前）管理、3月下旬至4月下旬（萌芽期至开花前）管理、4月下旬至5月中旬（开花期）管理、5月中旬至6月下旬（谢花后至果实膨大期）管理、6月下旬至8月下旬（新梢旺长期）管理、8月下旬至11月底（采果前至果实采收）管理、11月底至翌年2月中旬（休眠期）管理以及猕猴桃果园周年管理日历。

本书在编写过程中得到了很多国内外业内人士的帮助和支持，也参考了一些文献成果，在此对他们表示感谢，姓名标注如有疏漏，敬请谅解。

在编写过程中，笔者力求科学严谨，但限于水平和时间仓促，书中难免会出现错误和不足之处，敬请读者和同行专家批评指正。

编者

2021年6月

第一版前言

猕猴桃属（*Actinidia*）植物分布区南北跨度大，从热带赤道0°至温带北纬50°左右，纵跨泛北极植物区和古热带植物区。我国是绝大多数猕猴桃属种质资源的发源地，按该属植物最新分类方法有54个种和21个变种，共约75个分类群，其中我国就分布有52个种。它的果实以独特风味，富含维生素C、膳食纤维和多种矿物质，以及具有清肠健胃等功效而深受消费者欢迎。我国在20世纪70年代末开始大规模引种、驯化及产业化，2013年面积约165万亩（1亩＝667米^2），产量约为120万吨，产量和面积均居世界第一位。

猕猴桃科技无论是专著或是科普读物，对我国猕猴桃的“高产、优质、高效”等方面均起着重要作用。但我国猕猴桃从单产、品质、出口量等综合指标来看不能称为产业发展优秀国家，猕猴桃树种的栽培面积、种植管理水平与柑橘、苹果等大宗水果相差甚远。为了帮助种植者尽快掌握猕猴桃树体种植技术和果园管理方法，结合笔者多年猕猴桃果树科研、产业推广经验，编写了《猕猴桃高产栽培整形与修剪图解》一书，本书采用了读者较为容易理解和掌握的图文并茂形式，并按周年管理进行章节划分，一目了然地对猕猴桃树种特性、科学建园和花果、土肥水、枝蔓管理技术进行介绍，并清楚每个时间段的果园管理要点。希望本书能成为广大种植户和广大猕猴桃树种研究者的参考用书。

该书内容主要包括猕猴桃树体特点及优良品种、萌芽前管理（2月中旬至3月下旬）、萌芽期至开花前管理（3月下旬至4月下旬）、开花期管理（4月下旬至5月中旬）、谢花后至果实膨大期管理（5月中旬至6月下旬）、夏季新梢旺长期管理（6月下旬至8月下旬）、采果前至果实采收管理（8月下旬至11月底）、休眠期管理（11月底至翌年2月中旬）。

本书在编写过程中得到了很多国内外业内人士的帮助和支持，也参考了一些文献成果，在此对他们表示感谢，姓名标注如有疏漏，敬请谅解。

在编写过程中，笔者力求科学严谨，但限于水平和时间仓促，书中疏漏之处，敬请读者和同行专家批评指正。

编者

2016年6月

目　录

第一章

猕猴桃产业概况及优良品种介绍

一、猕猴桃产业发展概况

（一）生产现状

1. 面积、产量稳步增长

根据联合国粮农组织（FAO）统计，截至2018年年底，世界猕猴桃总挂果面积247109公顷（1公顷＝1×10^4米^2），产量4022650吨，分别是2011年的1.43倍和1.38倍。世界五大洲均有猕猴桃种植，其中亚洲占比最高，可达73.9%，非洲数量很少，只占到0.002%。全世界共有23个国家有猕猴桃生产的数据记载，主要集中在前12个国家，分别占世界总面积和总产量的99.60%和99.59%，世界猕猴桃产业平均单位面积产量为16.28吨/公顷（表1-1）。值得一提的是，同年中国猕猴桃挂果面积和产量分别占世界的67.99%和50.59%，均位居世界第一，但单位面积产量仅为12.11吨/公顷，位居世界第20位。

表1-1　2018年世界及排名前12位国家猕猴桃挂果面积和产量（FAO）

排名	国家	面积/公顷	国家	产量/吨
1	中国	168000	中国	2035158
2	意大利	24861	意大利	562188
3	新西兰	11576	新西兰	414261
4	希腊	9550	伊朗	266319
5	伊朗	9125	希腊	265280
6	智利	8679	智利	230267
7	法国	3809	土耳其	61920
8	土耳其	2990	法国	53201
9	葡萄牙	2736	美国	34290
10	日本	1753	葡萄牙	34057
11	美国	1578	日本	25462
12	西班牙	1469	西班牙	23833
合计挂果面积		246126	合计产量	4006236
世界总挂果面积		247109	世界总产量	4022650

我国自实施精准扶贫以来，猕猴桃产业得到了快速发展。据不完全统计，猕猴桃总种植面积2019年约29万公顷、2013年10万公顷，2019年是2013年2.9倍，年均增加3.17万公顷；年总产量2020年320万吨、2019年300万吨、2013年60万吨，2019年是2013年5倍，年均增加40万吨；年平均单产（年总产量/累计种植面积）1986～2000年0.5～5吨每公顷，2001～2013年5～8吨每公顷，2014～2019年10～13.59吨每公顷，其中2014年每公顷达到13.59吨。

另外我国猕猴桃种植区域也在不断扩大，例如2006年全国种植省份仅为15个，目前种植省份达到22个。随着40年产业发展，我国猕猴桃产业布局逐渐扩大，目前形成了七大优势产业带：秦岭北麓猕猴桃产业带、秦巴山区猕猴桃产业带、云贵高原猕猴桃产业带、武陵山区猕猴桃产业带、东北软枣猕猴桃产业带、南岭-武夷山区猕猴桃产业带、伏牛山-大别山-沂蒙山区猕猴桃产业带。陕西、四川、贵州、湖南、江西和河南是主要的生产省份，2019年栽培面积占全国的77.12%、产量占全国的85.52%，其中陕西省栽培面积和产量分别占全国28.9%和36.12%。

2. 猕猴桃消费市场总量稳步增长

尽管世界猕猴桃产业发展迅速，但它始终是一种小宗水果。根据FAO统计，2018年世界猕猴桃挂果面积247109公顷、产量4022650吨，世界主要水果挂果面积68047668公顷、产量867774832吨，同期猕猴桃果品占比分别为0.36%和0.46%；2018年我国猕猴桃挂果面积168000公顷、产量2035158吨，中国水果总挂果面积15488871公顷、产量243591639吨，猕猴桃占比分别为1.08%和0.84%（齐秀娟等，2020）。

近年来，国内猕猴桃消费量逐年提升，由2014年的209万吨增至2018年的266万吨，居水果销量第6位；猕猴桃人均消费量不断上涨，2018年人均消费量达到1900克/人，比20世纪90年代的80克/人增长了22.75倍，是2014年1400克/人的1.36倍；2018年国内猕猴桃人均消费量是国际人均消费量的3.2倍，接近发达国家消费水平（郭耀辉等，2020年）。

（二）国际贸易情况

1. 新西兰、意大利、智利出口占比极高

根据FAO数据库统计，猕猴桃年出口量在5000吨以上的国家有16个。按照2006～2016年出口总量排名，位居前五位的分别是新西兰、意大利、智利、比利时和希腊。2006～2016年世界每年平均出口量为1409472吨、出口值225046万美元，上述五个国家分别占比84.26%和87.05%。

2. 中国进口数量增加明显，主要来源于新西兰

猕猴桃年进口量在5000吨以上的国家和地区有近30个。按照2006～2016年进口总量排名，位居前三位的国家分别是比利时、德国和中国，其中中国进口数量和进口金额在排名前三位的国家中上升最为明显，2019年国内猕猴桃进口总量达到12.87万吨，进口额达到31.3亿元，比2011年进口量和进口金额分别增长了1.99倍和2.82倍（齐秀娟等2020）。根据联合国商品贸易统计数据库（UN Comtrade）统计，目前国内猕猴桃进口主要来源于新西兰、智利、意大利和希腊，占进口总量的99.7%；其中新西兰是我国猕猴桃最大的进口国，2019年进口数量为9.5万吨，占全年总进口数量的73.82%，比2018年度稍有下降，但是2011年度1.5万吨的6.33倍。上海、广东和京津地区是我国主要进口地区，上海的进口量占总进口量的50%以上。

3. 中国进出口贸易逆差明显

尽管国内猕猴桃生产总量逐年提高，但是我国出口量仍然很小，如2019年出口比例仅为总产量的0.3%。根据中国海关数据显示，中国2019年猕猴桃进口量12.87万吨、进口额为31.3亿元，出口量为0.89万吨、出口额为0.93亿元，进口量和进口额分别是出口数字的14.46倍和33.66倍。

（三）产业发展潜力

1. 果品营养和医疗保健价值将会提升消费量

据调查，世界上消费量最大的前26种水果中，猕猴桃营养最为丰富全面，富含维生素C、维生素A、维生素E以及钾、镁、纤维素、叶酸、

胡萝卜素、钙、黄体素、氨基酸、天然肌醇等；具有促消化、降低胆固醇、降血脂、增强免疫力、防癌抗癌等功效，被誉为“二十一世纪水果”，有“绿色金矿”“仙果”“聪明果”“水果之王”等美誉，随着人们营养保健意识的不断增强，对猕猴桃果品的消费量将会进一步提高。

2. 总体数量和大宗水果相比仍具发展空间

尽管我国猕猴桃产业发展迅速，但其面积、产量和单位面积产量与苹果、梨、葡萄等大宗水果相比还很少，仍具有较大发展空间。根据2018年FAO统计数据，我国猕猴桃挂果面积168000公顷、产量2035158吨。面积是苹果的8.1%、梨的17.9%；产量是苹果的5.2%、梨的12.6%。我国人均猕猴桃果品占有量仅为1.57千克，远低于我国苹果人均占有量的34.18千克。随着国产猕猴桃品质的逐渐提升以及居民收入、消费水平和营养保健意识的不断加强，猕猴桃果品的消费量也将不断增加。如果我国人均消费量达到5千克/年，仅国内市场则所需年产量约为650万吨。按照FAO数据库统计，2018年世界猕猴桃总产量4022650吨，按照全世界人口75亿人估算，世界猕猴桃鲜果的人均占有量约为0.54千克，如果能达到人均消费2千克/年，全世界需求量将达到1500万吨，足见产业发展潜力巨大。

3. 出口市场前景广阔可开拓国际市场

猕猴桃出口国主要是新西兰、意大利、智利、比利时和希腊等，主要进口国家和地区包括比利时、德国、荷兰、美国、日本以及中国香港和中国台湾等。亚洲仅日本2012～2016年进口总量达359620吨、进口值120615万美元，平均每年71924吨、24123万美元；中国香港2012～2016年进口总量达96262吨、21744万美元，平均每年19252吨、进口值4349万美元；中国台湾平均每年进口量37888吨、进口值9459万美元。由于亚洲猕猴桃生产国家主要是我国，而世界主要猕猴桃生产大国新西兰位于南半球，与我国生产季节正好错开，意大利距离我国和亚洲市场遥远，相对成本较高，难以与本地果品竞争，亚洲又是猕猴桃主要消费地区，同时东盟十国和国内市场消费增长迅速，特别是中国-东欧农产品零关税协定实施后，大大提升了我国特有果品在东南亚市场的竞争力，未来出口市场前景广阔。

4. 中国作为最大消费市场可拉动内需

中国近几年平均每年进口猕猴桃约10万吨，加之国内自产的300万吨左右的产量（出口仅占总量的0.3%），足见中国已然是世界最大的猕猴桃果品消费市场。2018年网售水果交易量中，猕猴桃销售量占据水果销量榜第六，仅次于西瓜、苹果、葡萄、柑橘和香蕉，成为迅速蹿红的水果之一，消费人群多市场大。对于猕猴桃，消费者线上消费接受度较高。生鲜电商的发展促进了猕猴桃品牌化的加速，同时是猕猴桃销售的新增渠道，带动了优质猕猴桃产品的销售范围扩展。

二、猕猴桃优良品种介绍

猕猴桃果肉颜色丰富多样（图1-1），但从目前栽培猕猴桃品种的果肉颜色类型来看，主要包括绿肉、黄肉、红心以及全红类型。绿肉品种绝大多数为美味猕猴桃，还有部分中华猕猴桃、毛花猕猴桃和一部分原产于华北、东北等地区的软枣猕猴桃（图1-2）；黄肉品种多为中华猕猴桃和少量的美味猕猴桃，如‘中猕3号’（图1-3）；红心猕猴桃多数为中华猕猴桃，还有一小部分为美味猕猴桃和极少量的软枣猕猴桃（图1-4）。目前全红型种植的品种主要是中国农业科学院郑州果树研究所选育的

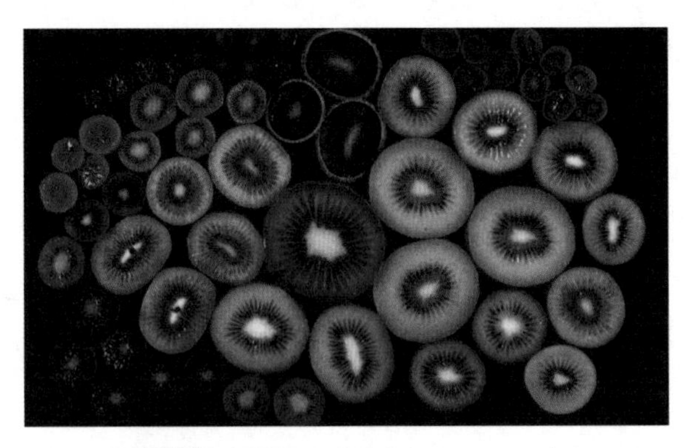

图1-1 猕猴桃果肉色泽（Andrew.allan）

图1-2 绿肉软枣猕猴桃果实

图1-3 美味猕猴桃黄肉‘中猕3号’与绿肉‘海沃德’颜色对比

图1-4 红心软枣猕猴桃

‘红宝石星’（图1-5），红肉育种已经成为各个猕猴桃品种育种国家培育的重点性状之一（图1-6、图1-7）。

图1-5 ‘红宝石星’果肉颜色

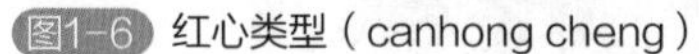
图1-6 红心类型（canhong cheng）

图1-7 红肉育种（canhong cheng）

（一）中华猕猴桃原变种品种

1. 翠玉

由湖南省园艺研究所与章诗成同志共同选育的品种。果实圆锥形或扁圆锥形，平均单果重达90克，可溶性固形物15.5%～17.3%，最高可达19.5%，维生素C含量143毫克（以100克鲜果肉计）；果面光滑无毛，果肉翠绿色，肉质致密，汁液多，味浓甜。贮藏性好，在常温下（20℃）可贮藏30天以上，在长沙10月上旬成熟（图1-8）。

图1-8 ‘翠玉’猕猴桃

2. 金农

由湖北省农业科学院果树茶叶研究所选育。果实卵圆形，平均果重

80克左右，最大果重161克；果皮薄，绿褐色，无毛光洁，外形美观；果肉金黄色，果心小，肉质细，汁多，酸甜可口，香味浓，品质上，可溶性固形物含量14%～16%，维生素C含量114～158.9毫克（以100克鲜果肉计），8月中下旬成熟（图1-9）。

图1-9 ‘金农’猕猴桃

3. 红阳

由四川省自然资源研究所选育。果中等大，在品种选育地平均单果重68.8克，最大87克，果短圆柱形，果皮黄绿色、光滑，果肉呈红和黄绿色相间，髓心红色，肉质细嫩多汁，酸甜适口，有香气；可溶性固形物含量19.6%，总糖13.45%，总酸0.49%，维生素C含量135.8毫克（以100克鲜果肉计），9月上旬成熟。低海拔地区栽培着色较差，在河南及陕西地区栽培需要较好的栽培技术管理条件（图1-10），抗溃疡病能力差。

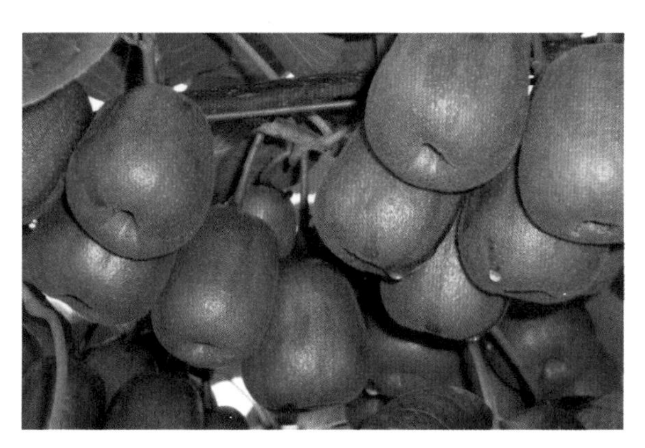

图1-10 ‘红阳’猕猴桃

4. Hort-16A

由新西兰园艺及食品研究所选育，商品名Zespri Gold，即金色猕猴桃。果实圆顶倒锥形或倒梯柱形，单果重80～105克；果皮绿褐色；果肉金黄色，质细汁多，极香甜；维生素C含量120～150毫克（以100克鲜果肉计）。目前该品种由于不抗溃疡病在新西兰大量被砍伐极少种植，国内较多地区栽培也出现溃疡病（图1-11）。

图1-11 'Hort-16A'猕猴桃

5. 金桃

系由中科院武汉植物园从野生中华猕猴桃中选育的品种。果实长圆柱形，平均单果重82克，最大单果重120克；果皮黄褐色，果肉金黄色，肉质细嫩、脆，汁液多，有清香味，风味酸甜适中，可溶性固形物含量18.0%～21.5%，在武汉果实9月下旬成熟，耐贮藏（图1-12）。

图1-12 '金桃'猕猴桃

6. 金艳

系中科院武汉植物园以毛花猕猴桃为母本，中华猕猴桃作父本进行杂交，从杂交后代中选育而成。该品种果实长圆柱形，平均单果重可达100克左右，最大果重141克；果皮黄褐色，少茸毛；果实大小均匀，外形光洁，果肉金黄，细嫩多汁，味香甜；耐贮藏，在常温下贮藏3个月好果率仍超过90%。树势强旺，枝梢粗壮，嫁接苗定植第2年开始挂果，9月下旬至10月上旬成熟（图1-13）。

图1-13 ‘金艳’猕猴桃

7. 豫皇1号

由河南省西峡县猕猴桃生产办公室从野生资源中选育。果实圆柱形，平均单果重88克，最大单果重148克，果皮浅棕黄或棕黄色，硬果时果肉黄白色，软熟后果肉黄色，肉质细嫩，汁多，香甜味浓，可溶性固形物16.5%～17%，成熟期9月中旬，自然条件下可存放2个月左右，冷藏条件下可贮6个半月，货架期20～30天（图1-14）。

图1-14 ‘豫皇1号’猕猴桃

8. 早鲜

由江西省农业科学院园艺研究所选育。果实圆柱形，整齐端正，果皮绿褐色或灰褐色，密被茸毛，平均单果重83克，最大单果重132克，果肉黄或绿黄色，酸甜味浓，微香，果实耐贮，货架期10天。抗风性较差，果实成熟期8月下旬至9月初（图1-15）。

图1-15 ‘早鲜’猕猴桃

9. 魁蜜

系由江西省农业科学院园艺研究所选育。果实扁圆形。果大，平均果重130克，最大单果重183克，维生素C含量74.07毫克（以100克鲜果肉计）。果皮绿褐或棕褐色，茸毛短、易脱落，果肉黄色或绿褐色，汁多，酸甜味浓，有香味，口感好，早产，丰产，稳产，适应性广，抗性强，果实成熟期9月中旬，果实耐贮性好（图1-16）。

图1-16 ‘魁蜜’猕猴桃

10. 华优

系陕西省周至县猕猴桃试验站选育。果实椭圆形，较整齐；单果重80～120克，最大果重150克；果面棕褐色或绿褐色；短茸毛稀疏，细小易脱落，果皮较厚难剥离；未成熟果肉绿色，成熟果肉黄色或绿黄色；果肉质细汁多，香气浓郁，风味香甜。10月上旬成熟，货架期20天左右（图1-17）。

图1-17 ‘华优’猕猴桃

11. 武当1号

系十堰市经济作物研究所选育，于2016年通过湖北省林木品种审定委员会审定。果实长椭圆形，光滑无毛，平均单果重85克，可溶性固形物15.9%～18.0%，可溶性糖11.0%，可滴定酸1.2%，维生素C含量50.2毫克（以100克鲜果肉计）。果肉浅绿色，有浓郁的果香味，肉质细腻，酸甜可口。在湖北十堰地区4月中旬开花，9月上旬果实成熟（图1-18）。

图1-18 ‘武当1号’猕猴桃

（二）美味猕猴桃变种品种

1. 翠香（西猕九号）

由西安市猕猴桃研究所在秦岭北麓野生资源中选育。果实美观端正、整齐、椭圆形，平均单果重82克，最大单果重130克；果肉深绿色，味香甜，芳香味浓，品质佳，质地细而果汁多；可溶性固形物可达17%以上，总糖5.5%，总酸1.3%，维生素C含量185毫克（以100克鲜果肉计），9月上旬成熟。具有早熟、丰产、口感浓香、果肉翠绿、抗寒、抗风、抗病等优点（图1-19）。

图1-19 ‘翠香’猕猴桃

2. 金魁

由湖北省农业科学院果树茶叶研究所选育。果实圆柱形，果面具棕褐色茸毛，稍有棱，果实整齐；平均单果重100克，最大单果重175克；可溶性固形物含量18%～22%；果肉翠绿色，风味浓，具清香，耐贮性好，果实10月底成熟（图1-20）。

3. 华美2号

由河南省西峡县猕猴桃研究所选育。果实圆柱形，果形端正，果个大，平均单果重89克，最大159克；果皮褐色，密被糙毛，易脱落；果

图1-20 ‘金魁’猕猴桃

肉淡绿色，多汁，肉质松，贮藏性能较差，风味较淡，可溶性固形物含量9%～13%，维生素C含量50～90克（以100克鲜果肉计），鲜食风味较淡。9月中、下旬成熟。该品系较耐瘠薄，丰产性好（图1-21）。

图1-21 ‘华美2号’猕猴桃

4. 海沃德

由新西兰从我国引进的美味猕猴桃野生种子实生后代中选育。果实阔卵圆形，侧面稍扁，果面密被细丝状毛，果色较其他品种深；平均单果重80～100克，可溶性固形物含量12%～14%，维生素C含量50～76毫克（以100克鲜果肉计）；果肉绿色，香味浓，属晚熟品种，其适应性广，果形和贮藏性均优。进入结果期迟，产量偏低，树势稍弱，易产生枯枝，且不抗风害（图1-22）。

图1-22 ‘海沃德’猕猴桃

5. 徐香

由江苏省徐州市果园选育。果实圆柱形，果皮黄绿色，有黄褐色茸毛，皮薄，易剥离。单果重75～110克，最大单果重137克。果肉绿色多汁，有浓香，可溶性固形物含量13.3%～19.8%，维生素C含量99～123毫克（以100克鲜果肉计），采后室温条件下可贮藏20天左右。果实采收期为10月上旬至中旬（图1-23）。

图1-23 ‘徐香’猕猴桃

6. 金硕

系湖北省农业科学院果树茶叶研究所实生选育的优质大果品种。平均单果重110克，含可溶性固形物15%～17%，果肉绿色，武汉地区10月中下旬成熟（图1-24）。

图1-24 ‘金硕’猕猴桃

7. 中猕2号

系中国农业科学院郑州果树研究所通过杂交育种选育而成的，在国家猕猴桃科技创新联盟举办的全国猕猴桃品鉴会上获得金奖。该品种果实圆柱型，平均单果重95克，最大单果重120克，可溶性固形物含量16%～19.5%；维生素C含量71毫克（以100克鲜果肉计）、氨基酸总量1.07%、可溶性固形物含量17.4%、总酸1.88%、总糖12.4%、干物质含量21.05%；果肉绿色，略有香味，甜酸可口。树势强旺，萌芽率高、成枝力强、极丰产。郑州地区果实9月中旬成熟（图1-25）。

图1-25 ‘中猕2号’猕猴桃

8. 中猕3号

系中国农业科学院郑州果树研究所从野生美味猕猴桃实生群体中选育的黄肉品种。该品种树势中庸，以中、短枝结果为主；果实呈圆柱形，喙端形状钝凸；平均单果重87.48克，最大单果重102.6克，最小单果重81.59克；外层、内层果肉颜色均为黄色，果心颜色为黄白色；可溶性固形物含量18.9%，干物质含量21.9%，口感甜；耐贮藏性强，抗病性、抗寒性强。郑州地区9月下旬成熟（图1-26）。

图1-26 ‘中猕3号’猕猴桃

9. 汉美

系十堰市经济作物研究所选育。该品种果实长圆柱形，平均单果重109.3克，最大单果重150.3克，可溶性固形物17.5%，可溶性糖10.68%，可滴定酸1.13%，维生素C 60.9毫克（以100克鲜果肉计）。果皮浅褐色、易剥离，果肉浅绿色，果心黄白色，有浓郁的果香味，肉质细腻，酸甜可口。在十堰地区4月下旬至5月上旬开花，10月中旬成熟（图1-27）。

图1-27 ‘汉美’猕猴桃

（三）其他种类猕猴桃品种

1. 红宝石星（宝石红）

由中国农业科学院郑州果树研究所从野生河南猕猴桃中选出。果实长椭圆形，平均单果重18.5克，最大单果重34.2克；总糖含量12.1%、总酸含量1.12%，可溶性固形物含量16.0%；果实成熟后光洁无毛，果皮、果肉和果心均为诱人的玫瑰红色，而且无需后熟可立即食用，这是它与常规猕猴桃相比最主要的优点。果实在8月下旬至9月上旬成熟。适于带皮鲜食、做成“mini”猕猴桃精品果品，并适于加工成红色果酒、果醋、果汁等许多制品。该品种抗逆性一般，成熟期不太一致，有少量采前落果现象，不耐贮藏，需要分期分批采收，所以推荐搞休闲果园或加工生产时可以栽培（图1-28）。

图1-28 ‘红宝石星’猕猴桃

2. 天源红

由中国农业科学院郑州果树研究所从野生软枣猕猴桃中选出。该品种果实卵圆形或扁卵圆形，无毛，成熟后果皮、果肉和果心均为红色，且光洁无毛。平均单果重为12克，可溶性固形物含量为16%，果实味道酸甜适口，有香味。果实在8月下旬至9月上旬成熟。适于带皮鲜食、做成“mini”猕猴桃精品果品，并适于加工成果酒、果醋、果汁等许多加工制品。推荐搞休闲果园或加工生产时栽培（图1-29）。

图1-29 ‘天源红’猕猴桃

3. 红贝

系中国农业科学院郑州果树研究所从野生软枣猕猴桃中实生选种培育。该品种果形倒卵形，平均单果重13克，最大果重25克；可溶性固形物含量17%～18%。树势较弱，丰产、稳产，呈穗状结果。在郑州地区5月初开花，采收期从中秋节直至“十一”国庆节，可持续1个月以上（图1-30）。

图1-30 ‘红贝’猕猴桃

4. 早秋红

系中国农业科学院郑州果树研究所通过野生软枣猕猴桃实生播种选育而成。果实形状呈长倒卵形；果皮光洁无毛，成熟后果皮、果肉和果心均为红色；单果重16.2～20.2克；可溶性固形物含量19%～20%，果实味道甘甜，有香味；在郑州地区4月底开花，采收期从9月中旬至10月下旬。该品种树势中庸，丰产、稳产（图1-31）。

图1-31 ‘早秋红’猕猴桃（未成熟）

5. 魁绿

系中国农业科学院特产研究所从野生软枣猕猴桃中选育。该品种果实扁卵圆形，果皮绿色光滑，平均单果重19.1克，最大单果重32克；可溶性固形物16.5%，总糖8.6%，总酸1.26%，维生素C 133毫克（以100克鲜果肉计）；果肉绿色、多汁、细腻，酸甜适度。在吉林地区，4月中、下旬萌芽，6月中旬开花，露地栽培9月初果实成熟（图1-32）。

图1-32 ‘魁绿’猕猴桃（秦红艳 提供）

6. 丰绿

系中国农业科学院特产研究所从野生软枣猕猴桃中选育。该品种果实圆形，果皮绿色光滑，平均单果重8.5克，最大单果重15克；可溶性固形物16.0%，总糖8.2%，总酸1.12%，维生素C 119毫克（以100克鲜果肉计）；果肉绿色、多汁细腻，酸甜适度。在吉林地区，4月20日前后萌芽，6月中旬开花，露地栽培9月3日前后果实成熟（图1-33）。

图1-33 ‘丰绿’猕猴桃（秦红艳 提供）

7. 佳绿

系中国农业科学院特产研究所从野生软枣猕猴桃中选育。该品种果实长柱形，果皮绿色光滑，喙较长；平均单果重19.1克，最大单果重25.4克，可溶性固形物19.4%，总糖11.4%，总酸0.97%，维生素C 125毫克（以100克鲜果肉计）。果肉绿色、细腻，酸甜适口，品质上等。在吉林地区，4月20日前后萌芽，6月中旬开花，露地栽培9月3日前后果实成熟（图1-34）。

图1-34 ‘佳绿’猕猴桃（秦红艳 提供）

8. 苹绿

图1-35 ‘苹绿’猕猴桃（秦红艳　提供）

系中国农业科学院特产研究所从野生软枣猕猴桃中选育。该品种果实圆形，果皮绿色光滑，平均单果重18.3克，最大单果重24.4克；果实可溶性固形物18.54%，总糖含量12.18%，总酸含量0.76%，维生素C含量为76.5毫克（以100克鲜果肉计）。果肉深绿色，多汁细腻，酸甜适度，微香，品质上等。在吉林地区，4月中下旬萌芽，6月中旬开花，露地栽培9月上旬果实成熟（图1-35）。

9. 赣猕6号

系江西农业大学从野生毛花猕猴桃中选育而成的毛花猕猴桃新品种。该品种具有花瓣粉红、果面白毛、果肉墨绿、易剥皮、高维生素C含量等显著特征。果实长圆柱形，果形指数2.11，单果重53.5～72.5克，果实可溶性固形物16.6%，总酸含量0.92%，干物质含量18.5%。果实后熟期维生素C含量723毫克（以100克鲜果肉计）。果实生育期165天，南昌地区10月下旬成熟（图1-36）。

图1-36 ‘赣猕6号’猕猴桃（徐小彪　提供）

第二章

猕猴桃树体特点及种植条件要求

一、猕猴桃属植物主要特征特性

猕猴桃为木质藤本植物，它不具有特化的攀援器官，仅依靠自己的主茎缠绕他物向上生长。

（一）根

根为肉质根，皮厚，最初为白色，后转为黄色或黄褐色，又嫩又脆，受伤后会流出液体，叫伤流；老根外表灰褐色到黑褐色，有纵向裂纹；主根在幼苗期即停止生长，骨架根主要为侧根；侧根和细根很密集，组成发达的根系。幼根和须根再生能力较强，既能发新根，又能产生不定芽；老根发新根的能力很弱，折断后很难再生。所以大树移栽时，不带须根，成活率会较低。另外，不同种类猕猴桃根系的发达程度有区别，为此做砧木时体现的作用不同（图2-1）。

图2-1 不同砧木根系生长状态

（二）枝

图2-2 猕猴桃树体骨架结构

人工栽培的猕猴桃骨架由主干、主蔓、结果母枝蔓、结果枝蔓和营养枝蔓等组成（图2-2）。主干由实生苗的上胚轴或嫁接苗的接芽向上生长形成。主蔓是由主干上发出的多年生永久性枝蔓。结果母枝蔓是着生在主蔓上的两级以上的结果枝蔓群。结果枝蔓是着生在结果母枝蔓上，具有开花结果能力的当年生枝蔓。营养枝蔓也着生在结果母枝蔓上，但没有花芽，当年不能结果，营养枝蔓主要用于骨架构建或结果母枝蔓更新。

好的结果枝蔓生长适中，节间短，芽饱满，通常顶梢自行枯死；较差的结果枝蔓直立旺长，节间长，芽瘦小。结果枝蔓可分为：徒长性结果枝（150厘米以上），长果枝（50～150厘米），中果枝（30～50厘米），短果枝（10～30厘米）和短缩状果枝（10厘米以下）。进入结果期的猕猴桃树，以中果枝、短果枝和短缩状果枝结果为主。

营养枝蔓只生长不能开花结果，包括普通生长枝蔓和徒长枝蔓。普通生长枝蔓多着生于结果母枝上，一般选生长势中庸、组织充实的，次年培养成结果母枝蔓。徒长枝蔓多由主蔓或侧蔓基部的隐芽萌发而成，生长直立，枝粗节长，年生长量大，一般为2～3米，这类枝条是较好的更新枝蔓。

（三）芽

猕猴桃的芽可分为多种（图2-3～图2-5）。其中，叶芽只萌发枝蔓，混合芽既萌发枝蔓，又产生花枝蔓。上位芽背向地面，萌发率高，抽枝旺，结果多；平位芽与地面平行，枝条生长中等，结果较多；下位芽朝地面，萌发率低，抽生枝条衰弱，结果少。正常芽是指产生于枝蔓上的鳞片及叶腋间的芽；不定芽是指根系受伤或受刺激后，局部组织转变成芽分生组织而产生的芽。

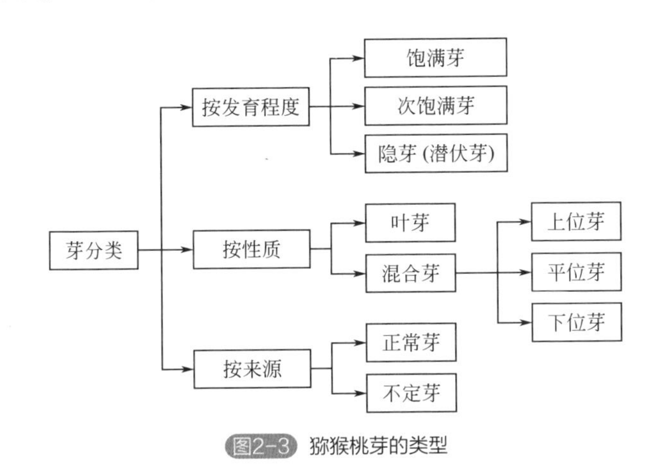

图2-3 猕猴桃芽的类型

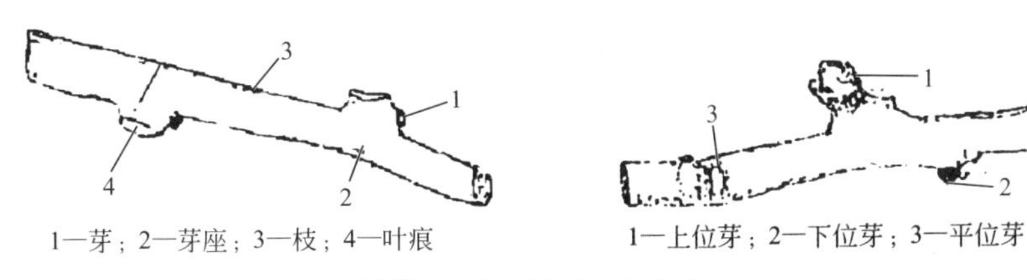

1—芽；2—芽座；3—枝；4—叶痕　　1—上位芽；2—下位芽；3—平位芽

图2-4 猕猴桃的枝和芽（1）

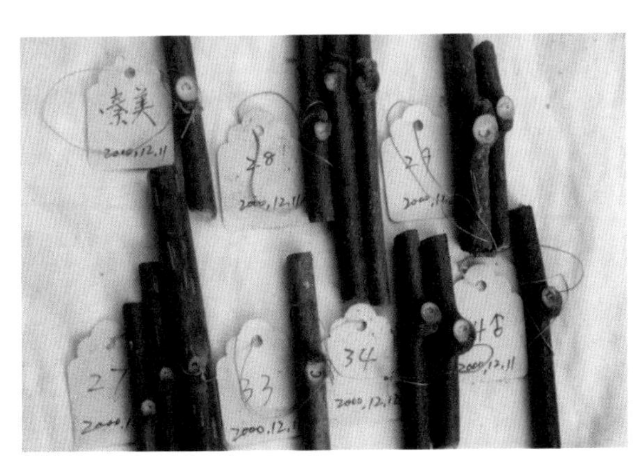

图2-5 猕猴桃的枝和芽（2）

（四）叶

叶具有光合作用和呼吸作用两种功能，当光合作用积累的产物大于呼吸作用所消耗的物质时，养分就会积累输出，供给树体及果实生长发育需要；当呼吸消耗的物质大于光合产物积累时，就会消耗营养。具有营养积累功能的叶叫有效叶，不具有营养积累功能的叶叫无效叶。栽培的目的就是尽可能地提高有效叶总面积，减少无效叶数量。无效叶的种类有幼嫩叶、衰老叶、遮阳叶、病虫害或风等机械伤造成大面积失绿或破损的叶片。果园管理中有效叶面积越大，才越能提高果园总体生产能力和经济效益。

不同种类、不同品种的猕猴桃叶片形状差异较大（图2-6、图2-7）。优良品种一般具有有效叶面积大、叶厚色深，光合能力强、养分积累多、革质强、抗风害能力强等特点（图2-8），可以供给花芽形成、树体及果实生长发育的养分。叶形、叶色及叶的功能会随其大小、树龄、生长势、枝蔓着生位置及生长势而变化。早春萌芽后约20天开始展叶，其后迅速生长一个月，当其大小接近总面积的90%左右时，转入缓慢生长至定形。通风透光条件下，定形后的叶片到落叶前的几个月里，光合作用最强，制造和向其他器官输送的养分最多。

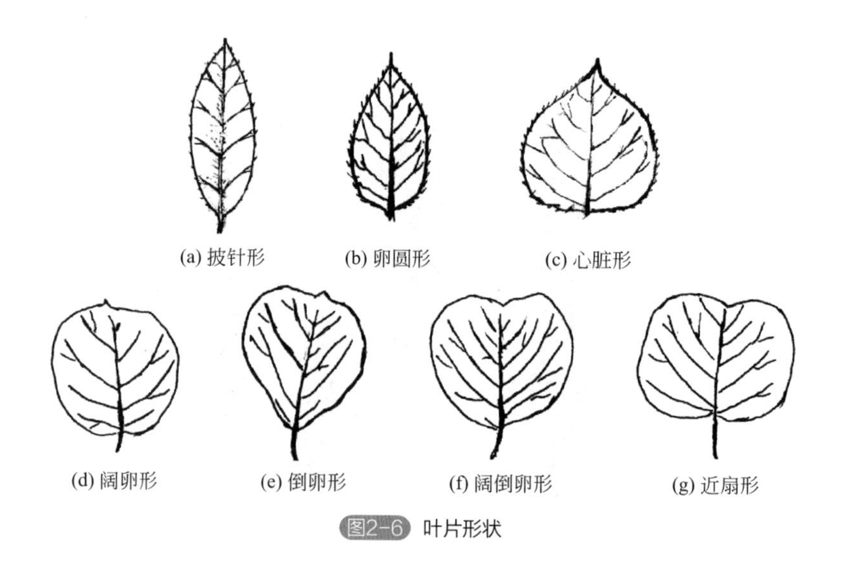

图2-6 叶片形状

图2-7 不同品种（系）叶片

图2-8 健康生长的有效叶片

（五）花和花序

猕猴桃花从结构上来看属于完全花，具有花柄、花萼、花瓣、雄蕊和雌蕊，但是从功能上来看绝大多数品种属于单性花，分为雄花和雌花（图2-9、图2-10）。雄花雄蕊发达，明显高于子房，花药呈现饱满状态，花粉粒大，花粉量充分且活力强；子房退化很小，呈圆锥形，有心室而无胚珠，不能正常发育。雌花子房发育肥大，多为上位扁球形，花柱多个，心室中有多个胚珠，发育正常；雄蕊退化发育，花丝明显矮于雌花柱头，花药干瘪，有些虽然肉眼观察二者高度接近，但是花药中没有花粉，或即使有少量的花粉，但花粉没有活力，在蕾期套硫酸纸袋完全隔离外界花粉的情况下自身不能坐果。猕猴桃也有极少量的雌雄同株类型，雌雄同期开花（图2-11）或者雌花早于雄花开放（图2-12），但是该性状往往不够稳定，生产中还是需要配置授粉树或者人工辅助授粉才能保证安全坐果。

图2-9 美味猕猴桃雌花和雄花

图2-10 软枣猕猴桃雌花和雄花

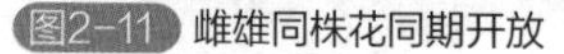
图2-11 雌雄同株花同期开放

图2-12 雌雄同株花不同期开放

笔者观察了郑州猕猴桃资源圃内部分品种的开花习性，不同种类猕猴桃花瓣颜色有较大区别。例如，中华猕猴桃、美味猕猴桃和原产东北的软枣猕猴桃花瓣颜色多为白色（图2-9、图2-10），毛花猕猴桃‘华特’花瓣为粉红色（图2-13），原产于河南地区的全红型软枣猕猴桃花瓣基部具有少量的片状红晕（图2-14）；从花药颜色来看，中华猕猴桃、美味猕猴桃和毛花猕猴桃为黄色（图2-9和图2-13），软枣猕猴桃为黑色（图2-10和图2-14）。相同种中，不同品种的花期长短与早晚也不尽相同，表明建园时选择与雌性品种配套的雄株至关重要。

图2-13 毛花猕猴桃‘华特’花

图2-14 全红型软枣猕猴桃花

猕猴桃的花序有单花、二歧聚伞花序和多歧聚伞花序（图2-15）。雌花多为单花或二歧聚伞花序，雄花多为多歧聚伞花序，也有在花芽分化过程中出现的一些异常形态的花朵（图2-16、图2-17）。雌性优良品种的花以花期适中、单生、无畸形花者为优；雄性品种以花量大、花粉量大、花粉活性强、花期长、授粉范围广者为优。另外，不同品种花瓣基部的离合状态也有很大差异（图2-18）。

（a）单花

（b）二歧聚伞花序

（c）多歧聚伞花序

图2-15 花序类型

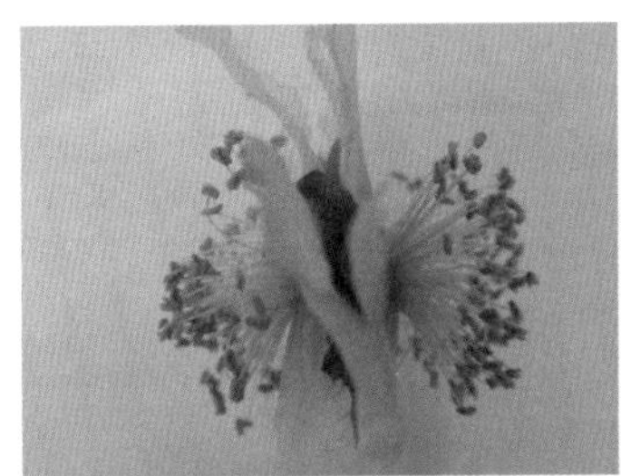

图2-16 畸形雄花

（a）开花期

（b）花蕾期

图2-17 畸形雌花

图2-18 雄花花瓣基部的离合状态

二、猕猴桃属植物对生长环境条件的要求

猕猴桃属（*Actinidia* Lindl.）植物自然分布区南北跨度大，从热带赤道0°至温带北纬50°左右，纵跨泛北极植物区和古热带植物区。中国是绝大多数猕猴桃属植物的发源地，现发现的54个种中有52个起源于中

国。猕猴桃在国内又称杨桃、羊桃、藤梨、毛桃等；在国外又称中国醋栗、基维果、中国猴梨、猴桃等。从果皮茸毛分布生长情况可分为硬毛猕猴桃、软毛猕猴桃、无毛猕猴桃；从已开发出的鲜食猕猴桃果肉颜色可分为绿肉、黄肉、红心、全红类型；根据茎叶和果实被毛情况可分为净果组、斑果组、糙毛组、星毛组。习惯上把黄肉或红心的无毛或带有茸毛一类称为“中华猕猴桃”，把绿肉或黄肉的有毛一类称为“美味猕猴桃”，但是一些野生株系或栽培品种的中华猕猴桃在成熟时同样也有绿肉果实。我国地域广阔，尽管猕猴桃分布范围非常广泛，但是适于猕猴桃商业栽培的地区并不是很多。商业栽培猕猴桃应满足以下几个生态条件。

（一）海拔

南北各地调查表明，海拔2000米为猕猴桃生存上限，海拔1300米为经济栽培上限。不同地区垂直分布不同，例如河南省主要集中分布在350～1200米之间，湖南省主要集中分布在800～1000米之间。下图为山区猕猴桃生长原生境（图2-19和图2-20）。

图2-19 贵州山区猕猴桃生长的原生境

图2-20 河南伏牛山区猕猴桃生长的原生境

（二）温度

猕猴桃对周围环境的温度要求相对比较高，一般在年平均气温10℃以上地区都可以生长，但以年平均气温15～18.5℃、极端最高气温33.3～41.1℃、7月份平均最高气温30～34℃、1月份平均最低气温-4.5～5℃、≥10℃积温4500～5200℃、无霜期210～290天的地区最为适宜。气温过高，如广东南部，由于没有达到适宜的需冷量，所以只长枝叶，不开花结果；气温太低则不能安全越冬。

猕猴桃作为一种不耐高温的果树，在中国广大猕猴桃产区，夏季高温、干旱、强光常同时发生并协同作用，影响树体正常生长。在阳光直射、没有遮阳、持续多天没有下雨而又缺乏灌溉的条件下，常会发生“日灼”。日灼在叶片、果实、枝蔓和主干上都会发生，但以果实、叶片和老弱的藤蔓受害较多，尤其是叶片和果实，灼果率和落果率可达30% ～ 50%。

低温也会严重影响树体的生长，春季−1.5℃低温持续半小时，就会使花芽和嫩梢受冻，使萌芽期延长和萌芽不整齐（图2-21）并使叶部受害（图2-22）。另外，生长期的猕猴桃树体最怕温度骤然降低，例如2009年11月上旬末至中旬初，猕猴桃树体尚未落叶休眠，河南和陕西两省的突然降雪给这两个重要猕猴桃产业大省造成了严重危害，导致十年生大树地上部分全部冻死（图2-23、图2-24）。

图2-21 早春新接芽冻害

图2-22 早春叶片冻害

图2-23 大树冻死

图2-24 全园冻死

（三）水分

猕猴桃属于浅根肉质植物，它的抗旱耐涝能力较差，所以它对土壤水分和空气湿度的要求都相对严格。自然分布区年降雨量约740～1860毫米，空气相对湿度约70%～85%。一般来说，凡年降水量在1000～1200毫米、空气相对湿度在75%以上的地区，均能满足猕猴桃生长发育对水分的要求。水分不足，会引起枝梢生长受阻，叶片变小，叶缘枯萎，严重时甚至还会引起落叶、落果等。猕猴桃怕涝，我国南方的梅雨或北方的连续降雨季节，会导致果实裂开（图2-25），同时由于排水不良，会使根部处于水淹状态，影响呼吸，导致根系组织腐烂（图2-26），引起早期落叶、树体萎蔫（图2-27），甚至植株死亡。

图2-25 涝害果实

图2-26 根系组织腐烂

图2-27 水淹树体萎蔫

（四）光照

猕猴桃不同树龄期对光照的要求不同。幼苗期喜阴凉，需要适当遮阳。成年树属于中等喜光性树种，喜半阴环境，要求日照时间为1300～2600小时，自然光照强度以50%左右为宜。郁闭果园（图2-28）由于光照不良往往会造成内膛不易抽条、枝芽发育不充实、结果部位外移、果实品质不佳甚至早期脱落等现象；喜漫射光，对强光照射比较敏感，忌强光直射曝晒，否则会产生果实日灼病（图2-29）、叶缘焦枯等（图2-30），严重者甚至导致整株死亡。

图2-28 光照不良，郁闭

图2-29 果实日灼病

图2-30 光照过强，叶缘焦枯

（五）土壤

种植猕猴桃以土层深厚、保水及排水良好、疏松肥沃、腐殖质含量高、pH值范围5.5～7.0的沙质壤土最好（图2-31）。在碱性沙土上也能生长，但根系会出现向上生长现象（图2-32），而且树叶黄化（图2-33）、生长相对缓慢。

图2-31 云南红壤上粗放管理果园猕猴桃长势喜人

图2-32 根系向上生长

图2-33 树叶黄化果园

（六）风

猕猴桃嫩梢长而脆，叶大而薄，易遭风害。春季大风常使枝条干枯、折断（图2-34）；夏季干热风会使叶缘焦枯、叶片凋萎，严重影响树体的生长发育。风害也会造成果实与叶片的摩擦而影响果实的商品性（图2-35）。

图2-34 枝梢被风折断

图2-35 风害导致果实与叶片摩擦受伤害

三、园址选择

（一）气候和土壤条件

商品生产基地选择首先要参考当地的自然气象和土壤资料。中华和美味猕猴桃品种园地最好选择在海拔400～1000米之间、气候温暖湿润、年平均温度15℃左右，极温不低于−13℃、不高于38℃，年降水量1200～2000毫米，无霜期240天左右的地方建园。原产东北的绿肉软枣猕猴桃抗寒性强，极端低温可选范围较大。

地下水位应在1.2米以下，水源匮乏或地下水位极高的区域不适宜建园。园区土层深厚、土质疏松肥沃、有机质丰富、通透性好、pH值为5.5～7.0的沙土或壤土最为适宜。土质疏松但有机质缺乏的红黄壤地区经过改良后也可以种植猕猴桃树。土层太薄、土壤过于黏重又缺乏腐殖质的土壤不宜发展猕猴桃；重盐碱地区不宜发展猕猴桃；易发生霜害地区不宜建园。

（二）位置

尽量选择交通方便的地区。搞休闲观光果园时，还要充分考虑周边旅游资源、客源市场等因素进行建园。山谷低洼地，霜冻较严重且易积水，不宜建园；高海拔地区猕猴桃易受冻害，且易诱发溃疡病。

另外还要遵守以下卫生条件：一是空气质量要好，周围不得有大气污染源，上风口不得有化工厂、钢铁厂、火力发电厂、水泥厂、砖瓦窑、石灰窑等有烟尘、粉尘和有毒有害气体的污染源；二是灌溉水质要好，水源（地表水、地下水）要来自清洁无污染地区，需远离工厂、矿山等容易污染水体的污染源，不使用未经无害化处理的工业废水和城市生活废水，水中的重金属和有毒、有害物质含量不得超标。

（三）地形、地势

建园时，最好选择平地，方便机械化操作，易于管理维护。山地建园南坡日照强且时间长，夏季温度高，蒸发量大，易遭干旱和日灼；北坡气温较低，易遭霜冻；西坡在下午受到烈日照射易使枝、叶、果焦灼，所以选择坡向为东南且坡度应选择小于25度的地块，以利于水土保持且便于农事操作，坡度大时必须修筑梯田；丘陵地建园要有水源灌溉条件，注意要做好果园排水工作。

四、果园规划

猕猴桃果园为多年生产，所以建园应充分利用当地有利的自然条件和资源，合理规划、布局。

（一）道路

大型果园的道路分为主干道、支路、小路三级。主干路要求位置适中，贯穿全园，它与园外公路相连，一般宽6～8米，能通过大型汽车，山地果园的主干路可环山而上或呈“之”字形。支路是连接各小区与主干道路的通路，宽4～6米，能通过小型汽车和机耕农具。面积较大的小区可保留小路，宽1.5～2.5米，主要为人行道及大型喷雾器等田间机械的通路。

（二）园内附属建筑

果园辅助建筑物一般包括办公室、财会室、车辆室、工具室、肥料农药室、配药室、包装室、休息室等。其中，办公室、财会室、包装室、配药室等均应设在交通方便和有利作业的地方。休息室及工具室应设在2～3个小区的中间，靠近干路和支路处。在山区应遵循量大而沉重的东西由上而下的原则，例如配药室应设在较高的地方，以便药品由上而下运输或者沿固定的沟渠自流灌施，而包装室、果品贮藏室等应放在较低的地理位置处。

（三）排灌系统

猕猴桃树抗涝、抗旱性均比较差，所以一定要做到旱能灌、涝能排。排灌系统应尽量与道路、防护林网相结合，以节约用地且不妨碍交通为好。山地果园和梯田果园最好在上坡设有拦水沟与蓄水池，并分级设跌水，雨季可蓄水，又可顺坡排灌，防止水流过猛。现代化的排灌系统有喷灌、微喷、滴灌、砖混水泥沟灌、地下管道暗灌等，传统的排灌系统有漫灌、土沟灌和穴灌等。

（四）防风林带

猕猴桃对风特别敏感，所以在风力较大地区建园防风林带必不可少，其位置应设在果园迎风面上，距果园5～7米，与果园之间用深沟隔开，防止林带树种根系向园内生长。防风林应选用生长快、寿命长、树冠紧凑、根系分布深的乔化树种，并与矮小密生的灌木树种相结合，所选树种的花期不与猕猴桃花期相同，否则会影响猕猴桃授粉和坐果。乔化树种可选择白杨、水杉、云杉、柳等速生树种，灌木可选枸橘、冬青、黄杨等。防风林要在猕猴桃植株定植前就栽好，或者同时栽种，以便尽早发挥功效。大型猕猴桃园的防风林一般包括主林带和副林带，原则上要求主林带与当地有害风或长年大风的风向垂直，如果因地势、地形、河流、沟谷的影响，不能与主要风向垂直时，可以有25度～30度的偏角。小型猕猴桃园可只设环园林，目前国内外也有采用防风网进行防风的果园（图2-36、图2-37），只是建园投入较高。

图2-36 防风网（湖北赤壁）

图2-37 防风网（陕西宝鸡）

第三章

2月中旬至3月下旬（萌芽前）管理

一、树体管理

（一）幼龄果园的管理

1. 优质猕猴桃苗木标准

由中国农业科学院郑州果树研究所主持修订的中华人民共和国国家标准《猕猴桃苗木》（GB 19174—2010），于2011年1月正式发布实施。该标准中详细规定了猕猴桃苗木质量各等级的最低要求（表3-1），并且提出检测时不允许使用三年生及以上的苗木。

表3-1　猕猴桃苗木质量标准

项目			级别		
			一级	二级	三级
品种与砧木			品种与砧木纯正。与雌株品种配套的雄株品种花期应与雌株品种基本同步，最好是同步。实生苗和嫁接苗砧木应是美味猕猴桃		
根	侧根形态		侧根没有缺失和劈裂伤		
	侧根分布		均匀、舒展而不卷曲		
	侧根数量/条		≥4		
	侧根长度/厘米		当年生苗≥20.0，二年生苗≥30.0		
	侧根粗度/厘米		≥0.5	≥0.4	≥0.3
苗干	苗干直曲度/度		≤15		
	高度	当年生实生苗/厘米	≥100.0	≥80.0	≥60.0
		当年生嫁接苗/厘米	≥90.0	≥70.0	≥50.0
		当年生自根营养系苗/厘米	≥100.0	≥80.0	≥60.0
		二年生实生苗/厘米	≥200.0	≥185.0	≥170.0
		二年生嫁接苗/厘米	≥190.0	≥180.0	≥170.0
		二年生自根营养系苗/厘米	≥200.0	≥185.0	≥170.0
	苗干粗度/厘米		≥0.8	≥0.7	≥0.6
	根皮与茎皮		无干缩皱皮，无新损伤处；老损伤处总面积不超过1.0厘米^2		

续表

项目	级别		
	一级	二级	三级
嫁接苗品种饱满芽数/个	≥5	≥4	≥3
接合部愈合情况	愈合良好。枝接要求接口部位砧穗粗细一致，没有大脚（砧木粗，接穗细）、小脚（砧木细，接穗粗）或嫁接部位凸起臃肿等现象；芽接要求接口愈合完整，没有空、翘现象		
木质化程度	完全木质化		
病虫害	除国家规定的检疫对象外，还不应携带以下病虫害：根结线虫、介壳虫、根腐病、溃疡病、飞虱、螨类		

注：苗木质量不符合标准规定或苗数不足时，生产单位应按用苗单位购买的同级苗总数补足株数，计算方法如下：差数（%）=（苗木质量不符合标准的株数+苗木数量不足数）/抽样苗数×100，补足株数=购买的同级苗总数×同级苗差数百分数（%）。

2. 新建园苗木定植或缺苗补栽

栽植时，按照预定的株、行距进行打点做标记。栽植苗可以是实生苗或者嫁接好的品种苗。栽植嫁接好的品种苗木时，如果品种较多，由于每个雌株品种有配套的雄株，一般雌雄株配置比例为（6～8）：1，应在图纸上事先按照每个品种雌雄比例画好定植图，然后由于雄株数量少先栽雄株，再栽雌株，每个品种分别进行定植，以免出错。

在各点视苗木根系的大小，挖0.3～0.4米^{3}的小坑，剪去受伤、劈裂根系，放在挖好的定植坑内。栽时，要把苗木扶直、摆正，使根系舒展。栽在坑内底肥以上的素土上（生土、表土），绝对不能让苗根接触底肥，否则会烧死苗木。在苗根埋到1/3和2/3左右时各向上提苗1次，使根系舒展，继续填土至把苗木的接口露在地表以上（约5厘米）的位置。

栽后应立即浇透水，以使苗木根系与土壤紧密结合，水下渗后，继续埋土至把苗木的接口露在地表以上（约5厘米）的位置，用来保墒，防止土壤水分蒸发过快，导致苗木表层干裂（图3-1）。有条件的地方还可以在水渗下后封土盖地膜（图3-2）保湿、保温、防杂草。值得注意的是，苗木如果须根太少，则成活率较低（图3-3）；埋根不宜过深，否则也容易影响苗木的成活（图3-4），同时会引起根颈部腐烂（图3-5）。

图3-1 苗木定植

图3-2 覆地膜

图3-3 须根太少，死苗

图3-4 埋土太深，死苗

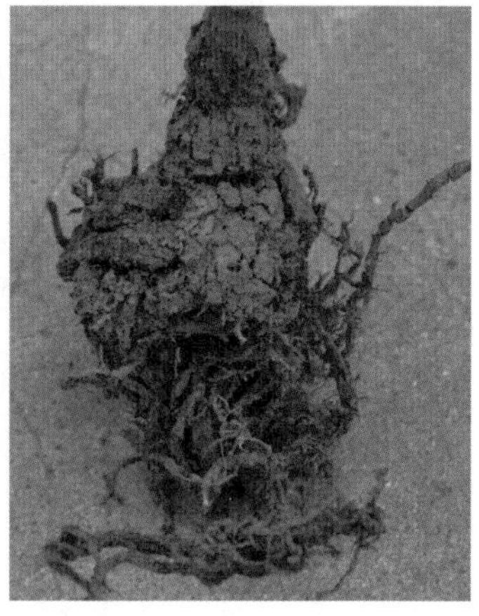

图3-5 埋土太深，根颈部腐烂

3. 去除防寒物

冬季根际埋土防寒的苗木萌芽前应及时去除土壤（图3-6），以免影响萌芽。

图3-6 去除防寒土

（二）三年生及以上树体进行绑蔓

绑蔓要在伤流前进行（图3-7）。要按照树冠的空间及整形方法，及时把修剪留下的枝条均匀地绑扎在架面铁丝上（图3-8）。先将主蔓在两侧中心架丝上绑牢，然后把母枝由中心架丝向两边分开，向外围拉平，保证架面平整，做到不重叠、不交叉。为了防止枝条与铁丝接触时受到摩擦损伤，可采用“∞”字形绑蔓，松紧程度以能插入一根手指为宜，使新梢能有一定的活动余地，以免影响其加粗生长（图3-9）。

图3-7 春季伤流

图3-8 绑蔓

图3-9 用扎丝进行固定

（三）老果园高接换头

高接换头应选择正确的嫁接部位：1～3年生猕猴桃树一般在距地面1.5米以内选择适宜部位进行嫁接，4年生以上树体选择在距地面1.0～1.5米区段嫁接，或在结果枝组上找一个合适的部位嫁接，也可以利用基部萌发的徒长枝进行高接。嫁接方法可采用劈接法，应注意高接树树体需留有部分原品种枝条，待其萌发生长进行辅养。对于秋季高接换头的树体，春季可去除防寒物（图3-10）。

图3-10 秋季高接换头的树体，春季去除防寒物

新西兰、韩国等国家老树改接的时候，一般选择主干上一个适宜位置做砧木，在其两侧各劈接一个接穗（图3-11、图3-12），新西兰用石蜡

将嫁接口密封（图3-13）、韩国则用一种专用的封膜进行包扎（图3-12），以利于保湿、伤口愈合，嫁接芽成活后，将来作为主蔓沿两侧生长，以利尽早成型（图3-14、图3-15）。国内猕猴桃高接的时候，多是在主蔓或侧蔓上嫁接一个芽，成活后向上直立生长（图3-16）。

图3-11 大树主干劈接（新西兰）

图3-12 老树改接（韩国）

图3-13 嫁接口封蜡（新西兰）

图3-14 老树改接后生长状（新西兰）

图3-15 老树改接后生长状（韩国）

图3-16 主干高接后的生长状（湖北神农架林区果园）

二、地面管理

（一）施肥

春季土壤解冻、树液流动后，树体开始活动，在发芽前合理施用催芽肥能使树体萌芽、开花整齐、树势一致，有利于果园的进一步管理。施肥量应根据树体大小、上年结果量多少来综合确定，一般4年生树亩施纯氮肥8～10千克，纯磷肥4千克，纯钾4千克。以速效氮肥为主（氮肥占全年氮肥用量的1/2～2/3），配以少量磷肥、钾肥。采取全园撒施或株施后埋入土内，施后浇透水，地面黄干时浅锄。

幼龄树每20天左右可在根部灌施高氮型水溶肥一次，标准约50克/株。

（二）视果园墒情进行灌水

视果园墒情进行灌水，早春浇水还可以有效降低地温，延迟树体发芽，以免遭受晚霜和倒春寒的危害（图3-17）。

图3-17 花期遇到倒春寒危害，叶片黑化

三、苗圃地管理

（一）实生苗进行品种嫁接

苗木春季嫁接，且接穗粗度小于砧木粗度的情况下多采用劈接法。该嫁接方法优点为嫁接后愈合快、成活率高、萌芽快、接口牢固、遇风不易折断。砧木新梢留叶应适量，留叶太少，营养面积小，嫁接后生长不良；留叶过多，砧木过长，结果部位外移，不紧凑。具体做法如图3-18～图3-21。

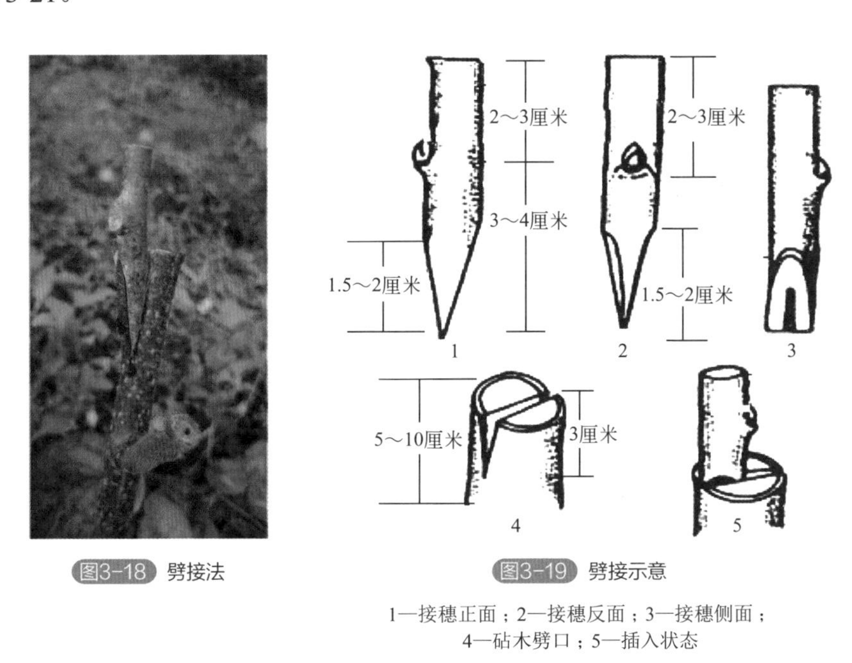

图3-18 劈接法

图3-19 劈接示意

1—接穗正面；2—接穗反面；3—接穗侧面；4—砧木劈口；5—插入状态

1. 砧木处理

做砧木的实生苗基部留3～4个芽，在离地面5～10厘米半木质化的光滑处横向剪断，在断面中间纵劈一个长约3厘米的接口。

2. 接穗准备

做接穗的枝条，将接穗剪留1～3个芽，分别在上端剪口距芽2～3厘米和下端剪口距芽3～4厘米处剪断，然后将接穗下端削成斜面长

1.5 ～ 2.0厘米楔形。楔形的两个斜面是否大小一致，取决于砧木上切口的位置。切口位于砧木断面正中的，则两个斜面大小一致；不在正中的，则两个斜面一大一小，其大小尽量与砧木上的切口接近。

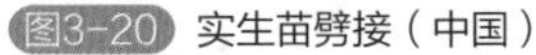

图3-20 实生苗劈接（中国）

图3-21 实生苗完成品种嫁接

3. 嫁接操作方法

将削好的接穗插入砧木切口，至少一边形成层对准，用宽1厘米左右的农膜绑扎，注意要用新的塑料膜，已用过的旧塑料膜容易导致嫁接部位感病。萌芽前嫁接时，春季气候干燥，接穗易于失水干枯，绑扎时应将接穗上端所有伤面包严绑紧，仅露接穗叶柄和芽眼。接穗上端剪口最好采取封蜡法，防止水分散失。

（二）实生育苗苗床准备

实生育苗在河南地区一般在2月上、中旬开始准备苗床。南方可作成高畦，防止发生水淹。苗床宽度通常整理成1米，长度根据种子的数量多少而定。土壤最好为pH值 5.5 ～ 7.0的沙壤土，否则小苗容易发生黄化。按照每5 ～ 7米^{3}土拌1米^{3}腐熟的有机肥、1 ～ 2米^{3}草炭土和1 ～ 2米^{3}蛭石比例，进行混匀，然后打碎或过筛，铺成约40厘米厚的平畦（图3-22）或装在专门的育苗穴盘内浇透水准备播种（图3-23）。

图3-22 平畦育苗

图3-23 育苗穴盘播种

（三）硬枝扦插

1. 基质准备

插床基质多选用疏松肥沃、通气透水的草炭土、蛭石或珍珠岩。蛭石和珍珠岩作基质时，需要加1/5左右腐熟的有机肥，并充分拌匀。基质事先应消毒，可用1%～2%的福尔马林溶液或50%甲基托布津500倍液等杀菌剂，用喷雾器边喷边翻动基质，以全部喷湿为度，堆好，用塑料膜覆盖密闭1周左右后揭去薄膜并加以翻动，经过2～3天，期间翻动1～2次，充分逸出土壤中的农药气体。然后可将基质平铺入插床中，或者装入底部有排水孔的营养钵里待用（图3-24）。

图3-24 硬枝扦插基质

2. 扦插时间

在落叶后到萌芽前均可以进行扦插，具体时间要根据当地气温条件、扦插条件（如插床能否加温）等而定，河南等中部地区可以在2月下旬前后进行，具备用地热线增温条件的可提前到1月份进行。

3. 扦插及之后处理

在适宜扦插的时期，取出插穗，剪去下端封蜡口，斜剪呈45°，下端2～3厘米浸入生长素或生根粉溶液中，处理时间及浓度参照产品包装袋上的推荐方法。另外，中华猕猴桃和美味猕猴桃扦插不易生根，需用高浓度，处理时间长一些；而软枣猕猴桃、狗枣猕猴桃、葛枣猕猴桃等比较容易生根，处理浓度低，时间短一些。扦插时事先用木棍等打孔，以防插伤表皮，再将插穗的2/3～3/4插入床土，留一个芽在外，斜插较好。露地扦插株行距为10厘米×5厘米（即行距为10厘米，插穗距离5厘米），插后盖上草帘，或搭拱棚保温遮阳，避免阳光曝晒。

四、病虫害防治

（一）综合防治

萌芽（图3-25）前15天左右，全园包括防护林，喷1遍3～5波美

图3-25 萌芽

度石硫合剂（图3-26）。喷洒以后，能够在树体及伤口部位形成保护膜（图3-27），防止外来病菌入侵，进而起到保护作用。注意熬好的石硫合剂宜现配现用。

图3-26 喷药

图3-27 药剂保护伤口

附：石硫合剂的配制方法

1. 配方与选料

按照生石灰1份、硫黄粉2份、水10份的比例配制。生石灰最好选用较纯净的白色块状灰，硫黄以粉状为宜。

2. 制作过程

① 把硫黄粉先用少量水调成糊状的硫黄浆，搅拌越匀越好。

② 把生石灰放入铁桶中，用少量水将其溶解开（水过多漫过石灰块时石灰溶解反而更慢），调成糊状，倒入铁锅中并加足水量，然后用火加热。

③ 在石灰乳接近沸腾时，把事先调好的硫黄浆自锅边缓缓倒入锅中，边倒边搅拌，并记下水位线。在加热过程中要防止溅出的液体烫伤眼睛。

④ 强火煮沸40 ~ 60分钟，待药液熬至红褐色、捞出的渣滓呈黄绿色时停火，其间用热开水补足蒸发的水量至水位线。补足水量应在停火15分钟前进行。

⑤ 冷却，过滤出渣滓，得到红褐色透明的石硫合剂原液，测量并记录原液的浓度（浓度一般为23 ~ 28波美度），如暂时不用，可装入带釉的缸或坛中密封保存，也可以使用塑料桶运输和短时间保存。

⑥ 使用前必须用波美比重计测量好原液度数，根据所需浓度，计算出加水量加水稀释。

3. 每千克石硫合剂原液稀释到目的浓度需加水量的公式

加水量（千克）/每千克原液＝（原液浓度－目的浓度）/目的浓度

（二）溃疡病

该病症目前分布较为广泛，发病率高、危害严重，缺乏有效的控制方法和药剂。

症状：早春枝干出现乳白色→黄褐色→红褐色液体。在新生叶片上呈现不规则形或多角形、褐色斑点，随后病斑周围有3 ～ 5毫米的黄色晕圈，导致叶片焦枯、卷曲，花也凋谢腐烂（图3-28 ～图3-34）。新西兰2010年大规模爆发该病时，曾大量挖树或去掉砧木以上感病品种部位，并集中深埋，防止病害进一步蔓延（图3-35），同时规定进入果园要进行严格消毒（图3-36）。

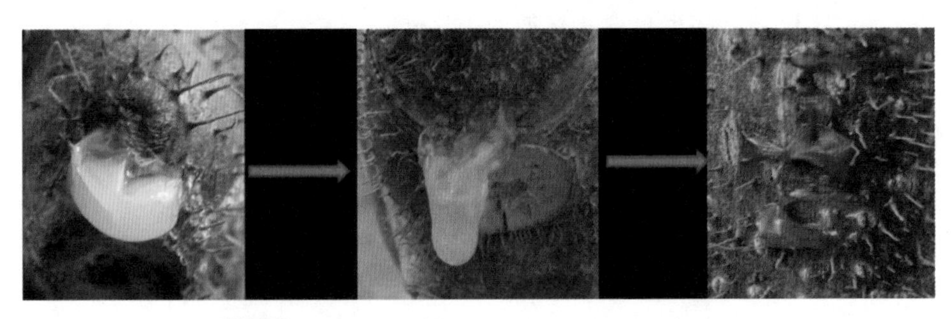

图3-28 溃疡病发病症状（陕西省农村科技开发中心提供）

图3-29 主蔓溃疡病症状

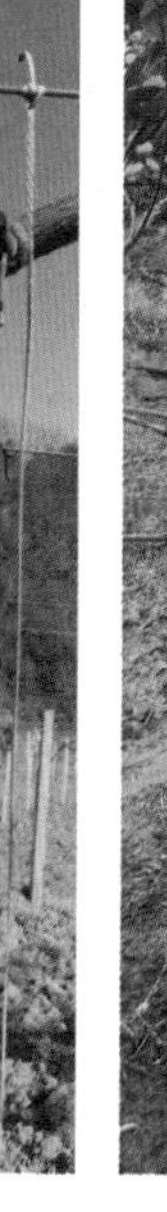

图3-30 主干溃疡病症状

图3-31 主蔓嫁接口溃疡病症状

图3-32 叶片正面溃疡病症状

图3-33 叶片背面溃疡病症状

图3-34 花溃疡病症状（Mike Manning）

图3-35 感病株深埋（Mike Manning）

图3-36 进园消毒（Mike Manning）

萌芽前可用5波美度石硫合剂或矿物油石硫合剂150倍液用药1次；萌芽后至幼果期视病情隔7～15天用药一次，药剂可用8%春雷·噻霉酮水分散粒剂1500倍液、1.5%噻霉酮水乳剂600～800倍液、0.15%四霉素水剂800倍液或3%中生菌素水剂800倍液等。为避免田间病原菌产生耐药性，建议轮换用药。

（三）根结线虫

迄今发现和报道的猕猴桃线虫病害仅有猕猴桃根结线虫病，其在我国南方种植区发生较多。受害症状初期为根系上生有结节，外观根皮颜色正常，大结节表面粗糙，后期结节及附近根系均腐烂，变成黑褐色，解剖腐烂结节，可见乳白色、梨形或柠檬形线虫（图3-37）。植株感染线虫后地上部的表现为植株矮小，枝蔓、叶黄化衰弱，叶、果变小且易脱落。防治方法如下。

① 加强苗木检疫，不让带虫苗流通，不栽带虫苗。

② 间作不感染线虫的禾本科草本低秆作物。

③ 农业措施。建立无病苗圃；育苗基地采用水旱轮作，严禁重茬育苗；搞好土壤管理，改善土壤通透性，多施用有机肥。

④ 药剂防治。定植时用杀线虫剂进行土壤消毒和蘸根处理，生长期于耕作层15～20厘米深度浇施药剂。药剂可采用1%阿维菌素缓释粒

2250～2500克/亩，或25亿孢子/克的厚孢轮枝菌微粒剂175～250克/亩，或10%噻唑膦1500～2000克/亩等。

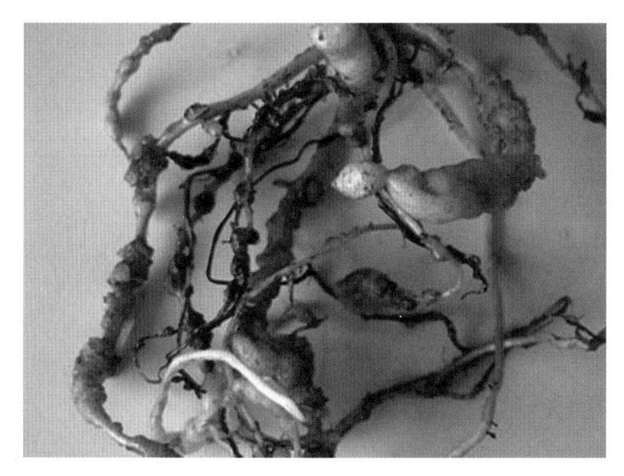

图3-37 根结线虫病

（四）预防倒春寒

倒春寒是指初春（一般指3月）气温回升较快，而在春季后期（一般指4月或5月）气温较正常年份偏低的天气现象。中华猕猴桃和美味猕猴桃在休眠芽的叶腋中含有未分化的原始细胞，从伤流时期花原基开始形态分化，植株展叶时期开始花萼原基和萼片原基分化后，进行花瓣、雄蕊、雌蕊原基的分化。因此，此时若遇到低温危害，将直接影响花芽形态分化的质量，形成畸形花（图3-38），以后会形成畸形果（图3-39），

图3-38 倒春寒对花的危害

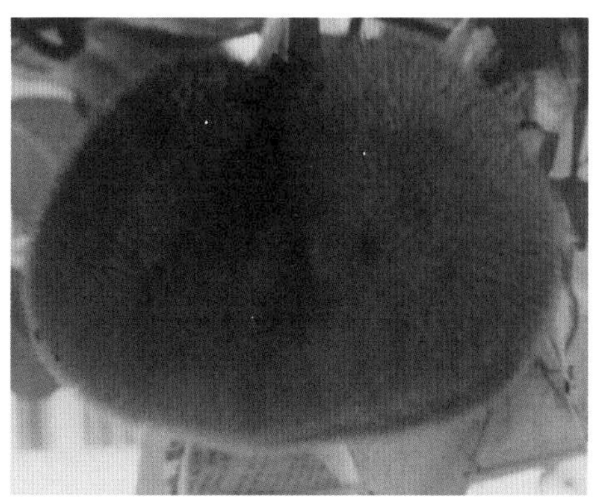

图3-39 倒春寒造成畸形连体果

同时使萌发的新梢和幼蕾被冻干。所以预防晚霜危害对猕猴桃来说意义重大，可采取以下方式进行预防。

1. 果园浇水

根据当地气候变化规律，在萌芽前后浇1～2次水，可以降低地温，推迟萌芽，躲过倒春寒。

2. 树体喷盐水

在低温冻害来临前，给树体喷10%～15%盐水，既可以增加树体细胞液浓度、降低冰点，又能增加空气湿度，水遇冷凝结后释放潜热，可以减轻树体冻害。

3. 夜间熏烟

若有寒流到来时，应尽快在猕猴桃园内做好堆柴烟熏准备。一般每亩堆柴六七堆，当夜间温度降至0℃时点燃，既可以减少辐射降温，又可以增加果园热量，达到预防倒春寒的作用。

4. 树体喷施肥料

对处于萌芽至开花期的猕猴桃树，在冻害来临前，树体喷施0.3%～0.4%的磷酸二氢钾水溶液，可以增加树体抗寒性，从而减轻冻害。

5. 涂白防寒

冬季树枝（干）涂白，早春树冠喷施8%～10%的石灰溶液，既能减少太阳能的吸收、推迟萌芽和开花，又能起到杀虫灭卵的作用。

第四章

3月下旬至4月下旬（萌芽期至开花前）管理

一、树体管理

（一）幼龄果园的整形管理

定植实生苗木的果园可对树体地面以上留3～4芽剪截（图4-1）；定植嫁接苗的可于嫁接口以上留3～4个接穗芽剪截，砧木部位可以进行完全抹芽或适当保留几个芽，待生长后不断摘心保留几片叶辅佐营养，利于根系生长。将保留的3～4个芽萌芽抽枝后选择一个生长势最旺的枝条作为将来的主干进行培养，为预防其顺地爬生、叶腋发出新枝（图4-2），从而影响主干生长及上架时间，应及时用竹竿在苗旁立杆、绑缚牵引，使其向上直立生长（图4-3）。留芽长至10厘米左右时薄施一次水粪（可加一半水的沼液或有机冲施肥），苗高达到50厘米时摘心。

图4-1 定干剪截后芽萌发

图4-2 顺地爬生

图4-3 第一年立竹竿绑缚牵引

定植第二年的苗木如果还没有搭设架材，必须要用竹竿做三脚架固定（图4-4），以防倒伏。展叶前后（图4-5）也应该随时去掉与整形无关的基部萌蘖，以免浪费营养，从而使养分集中利于主干生长（图4-6）。

图4-5 展叶期

图4-4 三脚架支撑

图4-6 基部萌蘖

（二）三年生及以上树体进行花前复剪

对冬季修剪不够彻底的果园，于开花前5～10天应疏除过多的徒长枝蔓、发育枝蔓、结果枝蔓和发育不良的花蕾。一个花序上只留中心花蕾，并在结果枝蔓最上一个花蕾后留5片叶摘心，发育枝蔓留12～15片叶摘心，可利用的徒长枝蔓留3～4节重剪，保持园内通风透光（图4-7）。

图4-7 展叶期果园状态

（三）高接树的管理

检查春季嫁接成活情况，一般嫁接后20～30天伤口即可愈合；劈接、切接的要打开塑料条，如发现未成活，及时补接。接芽成活萌发后应适当去掉砧木的芽眼，以利于养分集中供给接穗生长（图4-8）。

二、地面管理

（一）灌水和施肥

具有水肥一体化系统的果园，能将灌水和施肥融为一体，实现定点、定时、定量、均匀灌水和施肥（图4-9、图4-10）。猕猴桃园在萌芽至开花前需灌1～2次水，以补充伤流和萌芽所需。此期水分含量可以影响到猕猴桃的发芽、新梢生长，利于长叶开花，所以如果此时果园田间持水量小于75%时，应及时浇水。

图4-8 高接树抹掉砧木芽

图4-9 韩国水肥一体化

图4-10 意大利管理方式

树液流动后，树体开始活动，此期施肥有利于萌芽开花，促进新梢生长。对三年生以上树体，催芽肥宜在发芽前施用，以速效氮肥为主（氮肥占全年氮肥用量的1/2 ～ 2/3），配以少量磷、钾肥；对幼龄树继续每隔20天左右根部灌施高氮型水溶肥一次，约50克/株。

（二）行间中耕除草或间作

未覆膜的果园可进行中耕除草（图4-11、图4-12）。新西兰果园较多的管理方式是行间自然生草并定期刈割（图4-13）；由于新西兰野生动物较多，为避免啃食树皮，会在主干基部进行隔离保护（图4-14）。行间也可进行适当间作。

图4-11 行内人工除草

图4-12 行间人工除草

图4-13 新西兰果园行间管理方式

图4-14 树体主干基部保护

1. 猕猴桃园进行适当间作的好处

① 可以合理利用太阳光能，经济利用土地，增加果园的产值，并可美化果园（图4-15）。

② 幼龄猕猴桃树体喜欢遮阳环境，所以幼龄果园适当种一年生高秆作物（例如玉米），可以减少果园管理难度，增加苗木的成活率。

③ 调节地温，使地面温差昼夜相差不多，白天温度也不会过高，保护树体枝干免受日灼，又可以减少根系冬季冻害。

④ 间作物覆盖地面以后，可以保水固土，防止水土流失。同时，可以降低果园地面水分蒸发量，减少灌水次数。

⑤ 增加土壤有机质含量，改良土壤结构，从而可以减少有机肥的施入，降低果园肥料投入的成本。

图4-15 美化果园

2. 间作物的种类选择

① 在幼树时期。为了遮阳，可在行间种高秆作物，如玉米之类（图4-16）。

图4-16 间作玉米

② 成龄果园。种植间作物前，先用旋耕机进行土壤旋耕（图4-17），墒情好时播种（图4-18）。可以选种一些耐阴的经济矮秆作物，如草莓、马铃薯、葱、蒜之类，这些作物不影响猕猴桃生长，开花也不与猕猴桃同期，不影响蜜蜂传粉。一些药材，例如菊花、党参、白术、红花、冬花桔梗、半夏、地黄、丹参、元参、白芍等，植株矮小、耐阴性强、生长旺盛，能早期覆盖地面，而且吸收养分、水分比较少，病虫害少，有些药材还可以驱避害虫，搞猕猴桃园间作药材效益很好。另外，也可以在行间种植绿肥作物，例如草木犀、紫花苜蓿、红花三叶草、白花三叶

图4-17 旋耕机旋耕

图4-18 种植行间间作物

草（图4-19）、黄豆、绿豆、紫穗槐、荞麦、豌豆等，一般绿肥作物都有深根聚氮作用，其根部具有根瘤菌，能固定空气中和土壤中的氮素。间作绿肥不能连作，要注意轮作倒茬。行间也可以自然生草，定期刈割即可（图4-20、图4-21）。

图4-19 白花三叶草

图4-20 行间自然生草

图4-21 行间生草定期刈割

三、苗圃地管理

（一）已嫁接实生苗管理

定期检查苗木嫁接成活情况（图4-22），若没有成活应及时补接。采用单芽腹接的嫁接苗成活后，应立即剪砧，剪口离接芽3厘米左右。在接芽没有萌发前，可以适当保留一部分砧木上的叶片，用来光合作用提供苗木营养，但不宜保留过多，以利接口愈合，促进接芽的尽早萌发。注意在除萌时，若发现接芽未成活，就要选留1个萌条，以备补接。

图4-22 嫁接实生苗萌芽

（二）实生育苗播种

不同猕猴桃品种种子的萌芽率和成苗率存在一定差异。笔者系统研究了生产上常见的中华猕猴桃和美味猕猴桃的8个品种，其种子的萌芽率与成苗率情况。虽然中华猕猴桃从催芽到开始萌芽所需时间并不短于美味猕猴桃，但是以后美味猕猴桃品种萌芽势明显较中华猕猴桃强；总体而言，美味猕猴桃萌芽率和成苗率均高于中华猕猴桃。猕猴桃种子本身很小，在自然授粉条件下容易产生干瘪的种子，所以在选择催芽种子时，应及时挑出干瘪、不饱满的种子，否则会直接影响其萌芽率。另外，猕猴桃种子萌芽不太整齐，应及时挑选出露白萌发的种子到育苗地进行播种，否则种子萌芽时间过长，播种时容易损伤胚根，不利于出苗。

一般在日平均温度11 ～ 12℃时播种。播种前事先浇透水，待土壤湿度适宜时即可播种。播种方法有撒播和条播2种方式。播种量以每平方米3 ～ 5克种子为宜，还要根据发芽率而定。撒播时可以掺适量细沙土，混匀，再进行播种，有利于播匀。美味猕猴桃出苗率较高，实生苗长势较旺，故播种萌芽种子时种子与种子之间的距离可适当大些；中华猕猴桃成苗率相对较低，实生苗长势中庸，播种萌芽种子时种子与种子之间的距离可适当小些。播种后上覆0.2 ～ 0.3厘米厚细沙土后踩实即可，过深不易出苗或延迟出苗。最后喷4000～5000倍液80%代森锰锌，布置好喷灌水袋方便浇水，覆盖草帘、草席或棉被（图4-23），利于保墒、保暖和遮阳。

图4-23 露地播种后保温

（三）硬枝扦插苗木的管理

硬枝扦插一般先萌芽抽梢后生根（图4-24）。前期萌芽抽梢所需养分，都是插条内的储藏营养，如不及时控制，养分消耗过多，影响生根。在没有新根的情况下，新梢大量的水分蒸腾，会造成缺水萎蔫，甚至插穗枯死。

插穗愈合前，温度控制在19～20℃，愈合后控制在21～25℃。插后半月左右开始生根，在大部分插穗生根后，断电停止对插壤增温。另外，在扦插前期，插穗尚未萌发展叶，耗水量少，供水不宜太多，一般7～10天浇一次透水；抽梢展叶后，耗水量迅速增加，插壤供水量也相应增多，晴天每隔2～3天浇一次透水，温度高时每天要进行喷水，保持插壤表面不发白。硬枝扦插如在苗床上、苗距较近时可在新梢长至10厘米左右时先进行移栽。插穗萌发长叶后，要保留3～4片叶摘心。如果发现插穗抽梢中有花蕾，应随时摘除，以利于生根。

图4-24 硬枝扦插后萌芽展叶

四、病虫害防治

（一）藤肿病

1. 症状

缺硼时常会引发藤肿病（图4-25），它是一种常见的生理性病害。土壤含速效硼低于0.2毫克/千克的果园中发病较重，其枝蔓中全硼含量多低于10毫克/千克，而正常的枝蔓中全硼含量应在15毫克/千克以上，平均约23毫克/千克，因此认为藤肿病多是由缺硼引起的。

表现在树体主干及主枝上出现上、下两端较细，而中间一段突然显著增粗，状如肿大的症状，因此命名为藤肿病。此病多出现在2年生以上的老枝蔓上，一年生嫩梢仅在夏、秋高温干旱天气、土壤瘠薄时才会出现。在患病部位，常有皮孔突出的粗皮，部分粗皮上突出的皮孔会进一步爆裂，裂口长度甚至可达2～3厘米。同时，裂口下的形成层组织，多呈褐色坏死症状，并具发酵臭味。而且此肿大的枝段下端，常是分枝的交界处，其致密的节间细胞组织，常起着明显

图4-25 藤肿病

的截留、同化、营养的作用。病后可导致树势减弱，甚至整株枯死。

2. 防治方法

① 在早春树体展叶后到开花期间，结合提高坐果率喷施0.2%～0.3%硼酸溶液2～3遍。

② 早春在树下地面每平方米面积均匀撒施硼沙1～2克。

（二）缺铁性黄化病

1. 症状

缺铁是猕猴桃生产中常见的病害，在北方偏碱地区果园尤其严重。在碱性或盐碱性土壤中，可溶性的二价铁被转化为不溶性的三价铁，不能被植株吸收，因此表现缺铁严重。特别是在春季植株生长旺盛时，如果小气候温度较高、空气湿度较低时不及时灌水，地下水蒸发较快，表土含盐量增加，黄叶病会发生十分严重。首先表现在刚抽出的嫩梢叶片上，叶片呈鲜黄色，叶脉两侧呈绿色脉带。受害症状较轻时，褪绿出现在叶缘，在叶基部近叶柄处有大片绿色组织；严重时，叶片整体变成淡黄色甚至白色，而老叶正常保持绿色，最后叶片出现不规则褐色坏死斑，受害新梢生长量很少，花序变成浅黄色，坐果率降低（图4-26、图4-27）。

图4-26 定植当年苗木黄化

2. 防治方法

① 加强土壤管理。在土壤偏碱地区的果园，增施有机肥料。春季干旱时，适时灌水，减少表土含盐量。

② 叶面施铁肥。在发病园内，喷施柠檬酸铁或黄腐酸铁等，也可喷施0.5%硫酸亚铁加0.15%柠檬酸溶液。施用次数

视病情而定。

③ 土壤施酸性肥料。通过施用增强土壤酸性的化学肥料来矫正，通过使土壤酸性的提高，使原来不能为猕猴桃吸收的铁释放出来，可使猕猴桃有效吸收土壤中的铁。这类酸性化合物主要有硫黄细粉、硫酸铝或硫酸铵。也可直接向土壤中施入硫酸亚铁，或在根外喷洒0.03% ～ 0.1%硫酸亚铁。

图4-27 二年生苗木黄化

（三）花叶病毒病

1. 症状

它是一种病毒性病害。目前已报道的猕猴桃病毒有15种，其中猕猴桃病毒A（*Actinidia virus* A, AcVA）和猕猴桃病毒B（*Actinidia virus* B, AcVB）的发生较为普遍。猕猴桃感染病毒病后主要有6种症状类型：花叶型、黄化型、坏死型、叶斑型、褪绿环斑型和褪绿斑驳型，其中花叶型表现最为常见、直观（图4-28、图4-29）。在果园修剪或嫁接过程中均

图4-28 花叶病毒感病果园

可以传播扩散病毒，另外研究证实猕猴桃属褪绿环斑伴随相关病毒的传播媒介是瘿螨。

图4-29 花叶病毒感病叶片

2. 防治方法

① 无病毒苗木的培育和定植。通过茎尖组培脱毒，并隔离定植无病毒苗木，注意防虫；生长季初感染的叶片要及时清除；修剪完病株后，用70%的酒精消毒修剪工具，以免通过工具传播病毒。

② 农业防治。冬季清除病枝落叶，集中到园外深埋销毁；加强肥水管理，促进树体健康生长，提高抗病性。

③ 药剂防治。猕猴桃萌芽长叶后，叶面喷施5%氨基寡糖素水剂600～800倍液，或8%宁南霉素水剂600～800倍液等；每隔20天全园喷雾一次，连续3～4次。

（四）预防蚜虫等虫害

4月初，在蚜虫、粉虱、小绿叶蝉等有趋色性害虫发生初期，在果园内悬挂黄板（图4-30），板两面均匀涂上一层粘虫胶（凡士林、黄色的润滑油）。一般每亩悬挂50厘米×50厘米或50厘米×70厘米的黄板

20～30块，棋盘式分布，注意黄板一旦粘满害虫应立即更换，为保证黄板的黏着性，需1～2周重涂一次油。

图4-30 果园悬挂黄板

第五章

4月下旬至5月中旬（开花期）管理

一、树体管理
二、地面管理
三、苗圃地管理
四、病虫害防治

一、树体管理

（一）幼龄果园和高接树的管理

定植1～2年的苗木春季有的可以形成花蕾，应及时抹掉（图5-1），以免影响树形培养；春季高接换头的树嫁接当年也可以成花（图5-2），但应注意花太多的时候，要适当疏掉一部分，以集中营养让嫁接的品种枝条尽快生长。另外，要定期抹芽和去掉基部萌蘖，以免影响整形（图5-3）。

图5-1 嫁接小苗形成花蕾

图5-2 高接树当年开花

图5-3 基部萌蘖

（二）三年生及以上树体管理

1. 花开放动态及寿命

猕猴桃开花时间和花期长短因种、品种、雌雄性别、管理水平和环境条件而变化。笔者详细观察了郑州地区美味猕猴桃、中华猕猴桃和软枣猕猴桃的开花动态，三种类型猕猴桃开花期顺序为：中华猕猴桃最早，而软枣猕猴桃和美味猕猴桃基本为同期。人为将猕猴桃开花顺序划分为以下几个阶段。

（1）花萼开裂期

花萼从顶点位置开始绽裂，能见到花瓣抱合处的顶点位置。美味猕猴桃雌株持续时间为（1.5±0.5）天，雄株持续时间为（1.4±0.7）天；中华猕猴桃雌株持续时间为（1.3±0.5）天，雄株持续时间为（1.2±0.4）天；软枣猕猴桃雌株持续时间为（2±0.5天），雄株持续时间为2天。

（2）花萼大裂期

花萼开裂口更大，花萼已经基本完全位于底部位置，依旧抱紧成团的花瓣清晰可见。美味猕猴桃雌株持续时间为（1.0±0.4）天，雄株持续时间为（1.2±0.5）天；中华猕猴桃雌株持续时间为（2.2±0.8）天，雄株持续时间为（2.6±1.1）天；软枣猕猴桃雌株持续时间为（6.4±2.6）天，雄株持续时间为1天。

（3）花瓣变色期

花萼完全位于底部，抱紧成团的花瓣颜色逐渐由绿色变为白色。只有软枣猕猴桃经历该过程。雌株持续时间为（2±0.3）天，雄株持续时间为1天。

（4）大蕾期

花瓣颜色发育为正常的颜色，虽然抱合但逐渐松散，仍不能看见雌雄蕊。美味猕猴桃雌株持续时间为（1.2±0.4）天，雄株持续时间为（0.9±0.4）天；中华猕猴桃雌株持续时间为（1.5±0.4）天，雄株持续时间为（1.4±0.5）天；软枣猕猴桃雌株持续时间为（2.6±0.8）天，雄株持续时间为（2.4±0.9）天。

（5）开花期

花瓣由抱合状态彼此分离，花冠完全展开，花柱由贴向子房向下弯曲着生在子房顶端逐渐向上伸展，能清晰看见雌蕊和雄蕊，直到花落为止的过程。美味猕猴桃雌株持续时间为（4.8±0.5）天，雄株持续时间为（3.3±0.6）天；中华猕猴桃雌株持续时间为（3.5±0.4）天，雄株持续时间为（3.8±0.5）天；软枣猕猴桃雌株持续时间为（1.5±0.5）天，雄株持续时间为（2.0±0.7）天。

花瓣展开在一天任何时间都可以进行，但是在清晨5:00～7:00左右最多。美味猕猴桃雌雄株，中华猕猴桃雌雄株和软枣猕猴桃雌雄单花生育期持续时间分别为（8.5±0.5）天、（6.8±0.6）天，（8.5±0.6）天、

（9.0±0.6）天，（14.5±0.9）天、（8.4±0.3）天。从整个花序来看，从其中一个花蕾花萼开裂到整个花序花瓣全部脱落持续时间分别为（8.5±0.6）天、（12.3±1.3）天，（8.5±0.7）天、（11.0±0.4）天，（15.3±0.5）天、（8.4±0.8）天。三种猕猴桃单花开放顺序基本为：在同一植株上，下部新梢上的花先开，依次往上；在同一个新梢上，位于新梢上部的花先开，中部和下部后开；在同一个花序上，中心花先开，侧花后开。

中华猕猴桃（图5-4）和美味猕猴桃（图5-5）花初开时呈白色，后逐渐变成淡黄或橙黄色。花大美观，具芳香，缺乏明显的蜜腺组织，多为中心花先开（图5-6、图5-7）。雄花传粉后，花药因开裂散出花粉而变得干且松散（图5-8），雌花柱头接受外界花粉传粉后会很快衰老（图5-9～图5-11）。雌花从开花初期到完成授粉，肉眼可视柱头的颜色和状态变化依次是：白色、鲜亮→黄色、干→褐色、干→黑褐色、干→黑色、干硬，刚开放的柱头颜色为白色、鲜亮，为最佳授粉时期，柱头可授性的降低与柱头颜色及状态的变化规律较为一致（图5-9～图5-11）。

图5-4 中华猕猴桃雄花开放进程

图5-5 美味猕猴桃雌花开放进程

图5-6 雌花中心花先开

图5-7 雄花中心花先开

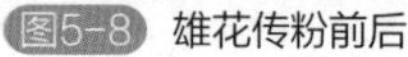
图5-8 雄花传粉前后

图5-9 软枣猕猴桃雌花开放进程

图5-10 软枣猕猴桃雌花柱头颜色变化

图5-11 软枣猕猴桃雌花柱头授粉后变黑

2. 人工辅助授粉

猕猴桃多为雌雄异株。笔者综合研究认为，雄株的选择影响着果实坐果率、单果重、可溶性固形物等诸多方面，具有果实直感效应。

猕猴桃的有效授粉期较短，笔者研究了‘徐香’猕猴桃在郑州地区不同开花时间人工种内授粉后的坐果率，表明在开花前1天至花后2天内授粉效果明显好于其他时期，在开花的3天内及时授粉仍可保证较高的坐果率，开花第4天以后进行授粉产量将大大降低（表5-1）。因此，猕猴桃果园如果初花期遇到不良天气（如阴雨或低温）而影响授粉时，可采取人工调控花期的方法（如果园灌水或熏烟等）并应保证在开花的前一天至花后3天内蜜蜂传粉或人工辅助授粉。

表5-1 '徐香'猕猴桃不同时间树体状态及授粉后坐果率

授粉时间（郑州花期）	授粉花朵数/朵	坐果数	坐果率/%
花前1天（5月3日）	40	32	80.0
开花当天（5月4日）	40（'美味'人工授粉）	35	87.5
	40（自然授粉）	26	65.0
花后2天（5月5日）	50	31	62.0
花后3天（5月6日）	50	25	50.0
花后4天（5月7日）	54	16	29.6
花后5天（5月8日）	54	10	18.5
花后6天（5月9日）	51	5	9.8
花后7天（5月10日）	50	0	0

果实采收后调查'徐香'猕猴桃与长果猕猴桃（A.*longicarpa*）种间杂交、'郑雄一号'种内杂交及自然授粉作为对照的果实种子性状（图5-12）与果实单果重（图5-13）的关系，表明果实中种子总数和正常

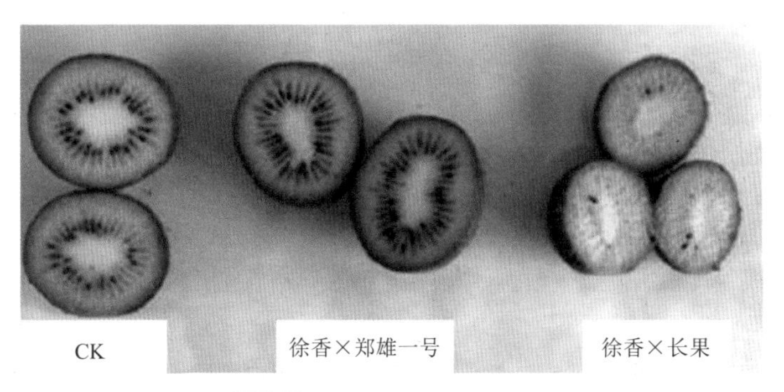

图5-12 果实直感对种子数的影响

CK—自然授粉

种子数影响果实的单果重。说明，只有胚珠发育正常，形成的正常种子数越多，果实单果重才会越大。

图5-13 果实直感对果实大小的影响
CK—自然授粉

所以，对猕猴桃属植物来说，在有效授粉期内合理授粉是达到高产、优质的重要前提条件。尤其是在雄株配置不合理的果园，必须采用人工辅助授粉。

（1）机械授粉

① 花粉的采集与制作：在授粉前2～3天，选择与雌性品种花粉直感好、比雌株品种花期略早、花粉量多、花粉萌芽率高的雄株，在其含苞待放或初开放而花药尚未开裂时期采集花朵（图5-14）。雄花的采集量按每公顷授粉不低于15000朵花计算，一般重量在18千克左右。将采集到的雄花用手在2～3毫米筛或铁丝网上摩擦，剔除花瓣和花丝；或用小型电动粉碎机对所采雄花进行粉碎，再过筛剔除花瓣和花丝（图5-15）。

图5-14 采花

图5-15 花粉制备车间

每15000朵花可得到3450克左右花药。将花药在牛皮纸或开药器上平摊成薄层，自然阴干；或在22～25℃、湿度50%的干燥箱中放置一昼夜，花药即开裂，释放出花粉。然后再用100～120目筛筛去囊壳等杂物，储于瓶内备用。每15000朵花可收集105克左右的纯花粉。

人工授粉也可以使用以前-80℃超低温冰箱保存的花粉，使用前应事先恢复到常温状态下。有活力的花粉和没有活力的花粉在适宜的培养基下显微镜观察表现不同（图5-16、图5-17），要选择有活力的花粉。

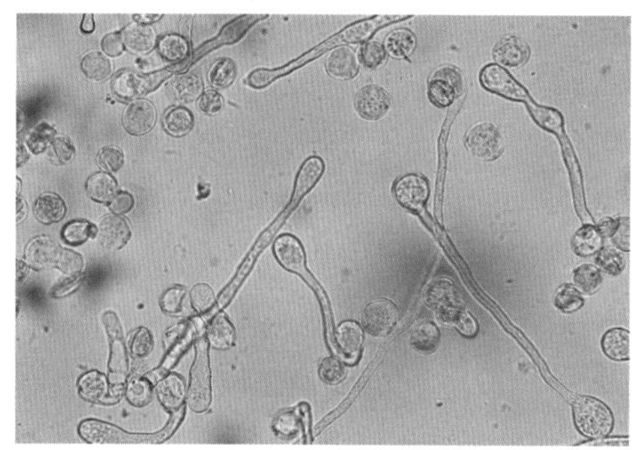

图5-16 显微镜下观察的有活力的花粉

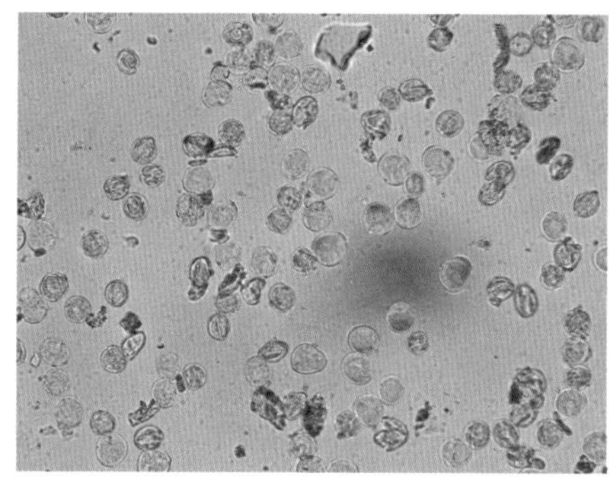

图5-17 显微镜下观察的没有活力的花粉

② 喷粉：为节约花粉，在不影响授粉质量的前提下，在花粉中加入比例不高于20倍的干淀粉、石松子等。在全树25%左右花开放的8:00～10:00或15:00～17:00时，用人工授粉器（图5-18、图5-19）

图5-18 新西兰机械授粉（喷粉）

图5-19 授粉枪（喷雾）

喷于雌花柱头上。如遇阴雨可在雌花未全部开放形成钟形（图5-20）时，用人工授粉器将花粉喷到雌花柱头上。

图5-20 钟形花

③ 喷雾：猕猴桃花粉遇水易破裂而失去活性，糖液可防止花粉在溶液中破裂，蔗糖和硼酸等还可促进萌发和花粉管伸长，可视情况适当添加。按10千克10%的糖水（混后立即使用可不加糖或少加糖），加50克花粉的比例配制成花粉溶液。应注意的是，应在2小时内用完，最好随配随用。在全树25%左右花开放的8:00 ～ 10:00或15:00 ～ 17:00，利用喷雾器直接将花粉溶液喷在雌花上（图5-21）。授粉后3小时内遇到中等强度以上降雨，需重复授粉；如果花粉浓度大时（如200倍花粉溶液），可不用补充授粉。

图5-21 新西兰机械授粉（喷雾）

（2）花期放蜂

猕猴桃传花授粉的昆虫中，蜜蜂（壁蜂、熊蜂）是主要的传粉者（图5-22、图5-23），但是蜜蜂传粉有三大不利条件，一是猕猴桃多为雌雄异株，两者分开，蜜蜂传粉时从雄花到雌花的交换频率低；二是猕猴桃多生产花粉，蜜腺极不发达，对蜜蜂的吸引力远不及其他一些花类，这样使猕猴桃园的传粉仅靠蜜蜂的自然传粉仍然不够，需要在果园人工放蜂（图5-24）或养蜂；三是蜜蜂传粉最大的缺点是遇到低温、阴雨天气时，蜜蜂活动次数少，影响授粉。在猕猴桃园放蜂，最好选择利用定向力强、善于采集零散蜜粉源、节省饲料的蜂种，如喀尔巴阡蜂、喀尼阿兰蜂、东北黑蜂、美意蜂等及其杂交种，它们采集花粉量最大的时期是春天抚育大量幼蜂时期。在放蜂前，应将授粉蜂分框分箱，每箱蜂量只占其满量的1/2，以刺激蜜蜂采粉育子，增大猕猴桃雌雄花间接触的频率。

图5-22 蜜蜂在雄花上活动

图5-23 蜜蜂在雌花上活动

猕猴桃园放蜂太早，花量过少，蜜蜂会到别的地方寻找蜜粉源；放蜂太晚则花粉量过少，传粉质量差。在雌雄花都开放时搬箱放蜂为好，以方便蜜蜂在两种花上交替采粉、传授粉，避免它们只习惯于某一性别的花。人工放蜂时，适时调换蜂群，而不用某群蜂固定授粉到底，这样既保证有数量稳定的蜜蜂，又利于蜂群适当休养补充。每公顷应放置7～8个箱蜂，每箱中有不少于3万头活力旺盛的蜜蜂。

图5-24 果园人工放蜂

（3）人工点授

此法较费工，但坐果准确可靠，果实发育好。将处理好的花粉加入10倍的淀粉充分拌匀，用毛笔蘸上花粉，在雌花的柱头上轻轻来回抖动1次即可（图5-25），在小型果园或庭院栽培时可以采用。

图5-25 人工点授

（4）高接雄株或插花枝

若发现雌株周围雄株不足或雄株分布不均匀时，可以在雌株上选择1～2个侧枝高接与雌性品种花期相同的雄性品种接穗。也可以在雌花开放的时候，在雌株上挂一个装水的瓶子，在其中插上几根开放的雄花枝，也可以满足雌株的花期授粉要求。

总之，不论采用何种授粉方式，授粉成功后，花粉管就会从柱头乳突细胞表面萌发，进入花柱的花柱道生长，进入子房完成双受精作用，形成正常发育的果实。在荧光显微镜下，可以清晰地对比出来授粉前后花柱的差异（图5-26）。

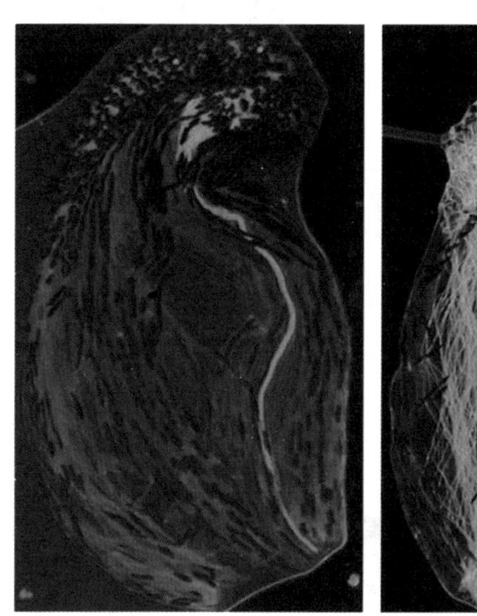

图5-26 授粉前（左图）、授粉后（右图）花粉管在花柱中的生长前后对比（荧光显微镜下观察）

3. 疏花、疏果

猕猴桃花量较大、坐果率较高，正常气候及授粉条件下，很少有生理落果现象。如果结果过多，则消耗养分，果实单果重降低，进而导致品质和商品率降低，同时也会出现大小年隔年结果现象。通常情况下，猕猴桃花芽的形态分化是从春天萌动开始直至开花前几天结束。一般来说，一个花序两端的侧花和结果枝基部的花形态分化迟，质量差。为了节约养分，提高正常部位花的质量，在开始现蕾时，就可以把侧花蕾、结果枝基部的花蕾疏掉，过晚疏除则养分消耗大。猕猴桃的花期较短而蕾期较长，因此，疏蕾比疏花疏果更能节省养分消耗，一般不疏花而提前疏蕾。在生产中，为了避免因疏蕾过量或疏蕾后花期遇雨，导致授粉不良而影响当年产量的情况发生，一般把疏蕾、疏果两种措施结合进行，先进行适量的疏蕾。

（1）疏蕾

① 时间：通常在4月中下旬，当结果枝生长量达到50厘米以上时，或者侧花蕾分离后15天左右即可开始疏蕾（图5-27）。

② 方法：疏蕾时先着重疏除过小的畸形花蕾、发育较差的两侧花蕾、病虫危害花蕾（图5-28、图5-29），再疏除结果枝基部的花蕾以及过密的花蕾，应着重保留发育较好的中心蕾。不同结果枝疏蕾法：强壮的长果枝留5～6个花蕾，中庸的结果枝留3～4个花蕾，短果枝留1～2个花蕾。

图5-27 疏蕾（智利）

图5-28 畸形花蕾

图5-29 畸形双子房

（2）疏果

据观察，猕猴桃开花坐果后60天，生长量可占整个果实生长量的80%，所以疏蕾不彻底时尽早疏果可以节省养分，使保留的果实获得最多的养分供给。

① 时间：应在盛花后2周左右进行，坐果后对结果过多的树进行疏果。

② 方法：对猕猴桃而言，1个结果枝中，其中部的果实最大、品质最好，先端次之，基部的最差；1个花序中，中心花坐果后果实发育最好，两侧的较差。所以，疏果时先疏除畸形果、伤残果、病虫果、小果和两侧果（图5-30～图5-37），然后再根据留果指标，疏除结果枝基部或先端的果实，确保果实质量并尽量使树体均匀挂果。

图5-30 果实过多

图5-31 疏两侧果

图5-32 耳状畸形果

图5-33 连体畸形果

图5-34 铁丝勒伤果

图5-35 病害果

图5-36 双子房果和病果

图5-37 虫害果

4. 适宜负载量确定

（1）依树龄确定留果标准

① 3年生幼龄树留果标准：3年生幼龄树，中等肥力条件，每公顷产量一般为3750～6000千克，株产2.5～5千克。按照生产经验，株留果量（两次疏果后定果量）20～35个，这样果实的单个果重可达125～150克。若土壤条件、树势基础和管理水平较高，平均单产可上浮20%，如果树势较弱，平均单产应最低下调20%。

② 4年生树留果标准：一般中等管理水平，每公顷产量为7500～15000千克，株产10～15千克，株留果量为60～90个，单果重125～150克。

③ 5年生及5年生以上盛果树留果标准：每公顷产量为26250～33750千克，株产20～40千克，株留果量120～250个，单个果重125～150克。

（2）依栽植密度确定留果标准

依3米×2米行株距为例，雌雄比（7～8）：1，每公顷雌株按1500株计算，3年生平均每公顷产量为4500千克，单株产即为3千克；4年生平均每公顷产量为11250千克，株产即为7.5千克；5年以上盛果树平均每公顷产量为30000千克，株产为20千克。同理，4米×3米或3米×3米行株距依不同树龄、每公顷雌株数，按每公顷产量、平均额定产量，可求出单株果载量；依商品单个果重标准100克左右，最终确定各不同树龄及行株距单株所确定保留的果实个数。

（3）按叶果比确定留果标准

开花后期到末期进行。标准为叶：果=（4～6）：1，以短果枝结果的品种为4：1，中果枝结果的品种为5：1，长果枝结果的品种为6：1，可以保证果实品质。猕猴桃的大多数品种在叶果比小于（4～5）：1时，即出现果实单果重小、果实品质下降、来年产量下降等问题，所以在留果时要注意保留枝蔓或附近能提供营养的有效叶，不要摘心过重。对过密的短果枝进行疏剪，一般结果枝间的枝距为30厘米。经过疏果，使8～9月叶果比达到4：1，另外使架面下透光率达到光影斑状态，才能产出优质果和精品果。

（4）按经验确定留果标准

开花后期到末期进行。标准为：健壮果枝留5～6个，中等果枝留3～4个，弱枝蔓留1～2个。

考虑风害、病虫害等自然因素对各栽植密度树体生长影响，在树体果载量允许范围内，稀植园单株预留蕾果数可高出定果（产）的30%；密植园单株预留蕾果数可高出定果标准的20%，但在定果后，务必遵循各不同密度单株规定留果量及株产标准（图5-38～图5-41）。

图5-38 ‘海沃德’果园全貌（智利）

图5-39 ‘海沃德’结果枝果实分布（智利）

图5-40 软枣猕猴桃果园全貌（新西兰）

图5-41 软枣猕猴桃结果枝果实分布（新西兰）

二、地面管理

（一）间作物管理

间作物应根据墒情进行浇水，并及时去除杂草（图5-42）。

图5-42 间作物精细管理

（二）灌水、排水和施肥

笔者采用扫描电镜观察了全红型软枣猕猴桃‘天源红’花器官柱头，确认其为干性柱头，表面乳突细胞形态各异，而且纹理丰富，有助于“嵌合”外来的花粉（图5-43）。如果花期温度过高加之空气干燥，会使干性柱头褐化速度加快，使有效授粉期变短，影响坐果率。另外，对所有猕猴桃品种而言，花期保持一个合适的空气湿度小气候环境，还可以缓解高温带来的不利影响，促使花粉在柱头表面萌发，提高授粉、受精效果，所以花期喷水意义较大（图5-44）。

喷水时期应选初花期到盛花期，一天之中应选择温度下降的傍晚时间最好，此时蒸发量较低，喷水后空气湿度保持时间长，特别是猕猴桃开花散粉时间在清晨较多，为其授粉提供了良好的小气候环境条件。

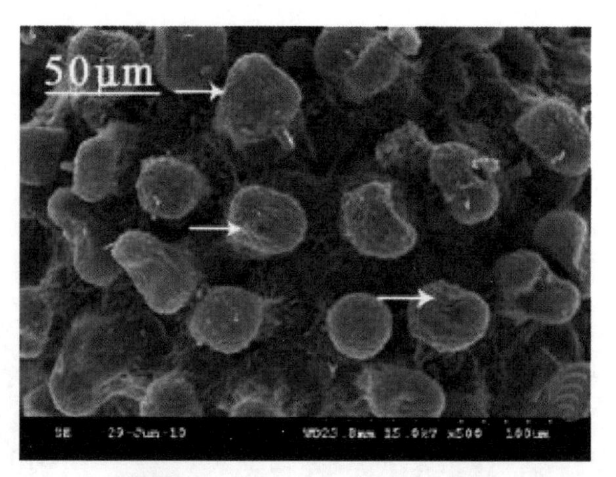

图5-43 ‘天源红’猕猴桃柱头乳突细胞

图5-44 果园花期喷水

花后全园应灌一次透水（图5-45）。授粉后猕猴桃果实处于迅速膨大期，据笔者在‘天源红’猕猴桃品种上的研究表明，完成授粉后的20天时间里，果实横、纵径生长均达到了采收时的50%以上，说明受精作用对子房生长起到了最有利的促进作用。此期是猕猴桃果实需水的临界期，必须有充足的水分和养分来满足幼果迅速生长发育的需要。同时，枝条和根系也处于交替快速生长阶段，如果水分不足，营养生长和生殖生长争夺水分的矛盾将被激化，轻则果实生长受阻，重则影响树体生长、发育、抗逆性和寿命。

图5-45 果园喷水

施肥方面，对幼龄果园继续每隔20天左右根部灌施高氮型水溶肥50克/株。成龄果园每亩施用微量元素肥2千克/亩，并撒施高钾型复合肥250克/株+硫酸钾镁复合肥100克/株，施肥后浇透水。

三、苗圃地管理

（一）已嫁接实生苗管理

对已完成嫁接的实生苗（图5-46）要检查嫁接成活情况，若没有成活应及时补接。对砧木及时除萌，有芽就抹，见萌条就剪除。

图5-46 已完成嫁接的实生苗

（二）实生育苗播种基地管理

猕猴桃种子一般播种后1～2周即可出苗完全，在苗高约1～2厘米时，要及时揭去草秸等覆盖物改成小拱棚，以免影响幼苗生长（图5-47）。拱棚可用1.5米左右长的细竹竿，插入畦两旁，两两交叉成弓状，将草秸、草帘或塑料棚膜盖在其上遮风、挡光、保湿。注意经常浇水，保持地面不干。

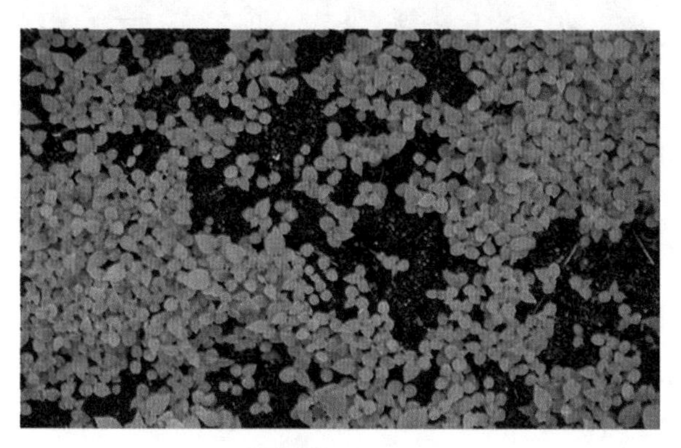

图5-47 种子出苗

温度渐高时，要注意早晚喷水。幼苗达到2～3片真叶时，喷水时可加0.1%～0.2%尿素和磷酸二氢钾，一般不需根际施追肥。另外，温度较高，单纯盖塑料棚膜的拱棚必须要搭设遮阳网，遮阳度为70%～75%为好。温度持续增高时，中午要打开拱棚两面的塑料棚膜，适当放风，以免温度过高，将幼苗闷死（图5-48）。猕猴桃幼苗生长较慢，应及时除草，防止被杂草淹没，同时间除弱小病虫苗。

图5-48 出苗后处理

（三）硬枝扦插苗木管理

针对硬枝扦插苗床应每隔2～3天浇一次透水。晴天阳光强烈时，需适当遮阳，尤其在中午前后，其他时间可适当增加光照，以促进叶片光合作用。

四、病虫害防治

（一）花腐病

1. 症状

细菌性病害，病原菌为假单胞杆菌（*Pseudomonas viridiflava*）。可经雨水、昆虫、病残体传播，从气孔、伤口入侵，主要危害花和幼果。感病花蕾、萼片症状初期呈现褐色凹陷斑，斑块很快发展，当病菌入侵到芽内部时，花瓣变为橘黄色，开放时呈褐色并开始腐烂，很快脱落。受害不严重的花也能开放，但花药、花丝变成褐色或黑色后腐烂。干枯后的花瓣挂在幼果上不脱落（图5-49）。病菌入侵子房后，引起幼果变褐萎缩，病果易脱落，偶尔能发育成小果的，也多畸形（图5-50）。该病菌也危害叶片，症状为褐色斑点，逐渐扩大，最终整叶腐烂，凋萎下垂（图5-51）。

图5-49 花腐病

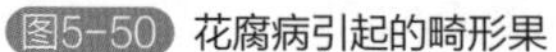
图5-50 花腐病引起的畸形果

图5-51 花腐病花瓣脱落后造成叶片腐烂（涂美艳提供）

2. 防治方法

① 改善花蕾部的通风透光条件。

② 采果后至萌芽前喷3次1%波尔多液，萌芽至花期喷100毫克/千克农用链霉素，或在3月底萌芽前和花蕾期各喷一次5波美度石硫合剂，或20%福美铁可湿性粉剂800～1000倍液。对发病较重的果园应在5月中旬、下旬用5%菌毒清水剂500～600倍液，喷雾防治。

（二）预防蚜虫、金龟子等危害

在前期刮除树皮、清扫果园落叶、消灭越冬幼虫、摘除卵块等果园管理基础上，全园要尽早安装黄板、杀虫灯等。黄板是利用害虫的驱黄性，可诱杀蚜虫、粉虱、飞虱、叶蝉、蓟马等虫类；杀虫灯主要利用害虫的趋光性特点，可诱杀金龟子、天牛、蝼蛄、叶蝉等。另外，根据害虫的驱化性特点可采用糖醋液诱杀卷叶蛾、金龟子等多种害虫，糖醋液配方：糖0.5份、醋1份、水10份，加少量白酒搅拌均匀即可，诱捕器可用碗或小盆，用铁丝或绳索将其绑缚悬挂在树上，每天或隔天清除诱捕的虫尸，并补加糖醋液。

在斑衣蜡蝉、天牛等上述虫害发生严重时，也可以采用70%吡虫啉7500倍液或2.5%高效氯氰菊酯乳油2500～4000倍液等进行化学防治。

第六章

5月中旬至6月下旬（谢花后至果实膨大期）管理

一、树体管理

（一）幼龄果园和高接树的管理

1. 幼龄果园树体整形

对一年生幼树，当年任务主要是进行主干培养上架。对春季定干后所萌发的新梢，应及时用软质布条打“∞”字形结或用绑蔓机绑蔓、固定到竹竿或绳索上向上直立牵引生长，每隔20厘米绑缚、固定一次，以免新梢被风吹劈裂，直至主干所需高度（图6-1）。及时抹除主干萌蘖，每隔7～10天一次，直至不再产生萌蘖为止。

图6-1 对主干及时绑蔓固定

对二年生幼树主要任务是单主干双主蔓树形（图6-2）整形。经过冬季修

图6-2 单主干双主蔓树形

剪对主蔓进行短截后，架面上会发出较多新梢，这时选择两个位置相对的强旺枝作为两个永久性主蔓进行培养，继续沿中心铅丝向前延伸；当选择的主蔓延伸枝尖端开始缠绕到铅丝时进行摘心，以积累营养，促进主蔓健壮。主蔓同侧新梢每隔30厘米左右选留一个，作为明年的结果母枝培养，其余的新梢摘心或者保留1厘米左右桩疏除，以免影响树形，保留的结果母枝与行向呈直角，相互平行固定在架面铅丝上，呈羽状排列。

2. 幼龄果园和高接树进行适当遮阳

野生猕猴桃多分布于海拔较高的森林中，喜欢温和湿润的气候环境。人工栽培时，生态环境发生了较大的改变。在我国广大的猕猴桃产区，从5月中旬至9月初普遍存在持续高温天气，最高气温可达40℃，对猕猴桃生长和果实发育常造成较大的危害。高温季节如遇上干旱则问题更为严重，甚至出现大面积植株死亡的现象。可以说，夏季高温强光的危害是制约我国猕猴桃发展的重要因素之一，特别对幼龄果园而言，适当遮阳可大大提高苗木的成活率。

采用遮阳网对植株进行遮光是控制夏季高温强光的一项简单措施，遮阳为猕猴桃生长、结果营造了一个较为温和湿润的冠幕微环境，特别是大幅度降低了叶面温度和果面温度，有效避免了高温对猕猴桃产生直接危害，并且为猕猴桃的光合作用提供了良好的环境条件。在南非，猕猴桃生产上也存在与我国类似的夏季高温危害现象，最高气温在38℃以上，Allan等人（2003）对‘Allison’猕猴桃进行遮阳研究表明，适度遮阳可以提高叶面光合效率，因而极大地提高了果实的产量和品质，遮光率以30%～40%为宜。但在气候条件比较温和的新西兰（夏季最高气温一般为28～30℃），空气异常洁净，光照强度高，强光并没有对猕猴桃生长与果实发育产生负面影响，遮光反而极为有害。另外在某些品种上，70%的遮阳也带来了一些负面影响，如：明显降低了‘丰悦’猕猴桃的品质，大量减少了‘丰悦’‘翠玉’猕猴桃品种第二年的花量，说明过度遮阳十分有害。光照不足势必导致植株光合速率大幅下降，从而对猕猴桃生长结果产生不利的影响。因此，只有根据品种特性，选择适宜遮光率，同时根据天气变化采用灵活的遮阳措施，才能在有效克服夏季高温强光危害的同时，避免产生遮阳过度的问题（袁飞荣，2005）。高接树或幼龄果园，考虑到成活率的需要，必须遮阳（图6-3～图6-5），其他果园可根据当地气候条件、树龄、品种等因素综合考虑是否架设遮阳网（图6-6）。

图6-3 高接后遮阳

图6-4 新建园遮阳

图6-5 国内某新建园遮阳

图6-6 猕猴桃园（意大利）

（二）三年生及以上树体管理

1. 摘心

猕猴桃很多产区尤其是我国南方夏季高温多雨地区，花后新梢生长旺盛，对果实和新梢的养分分配容易失调，同时因新梢的旺盛生长而导致果园光照条件恶化，造成果实产量和品质下降，同时对于像‘海沃德’等发芽晚、新梢生长快且与基枝结合不牢固的品种来说，还容易被春季的强风吹劈裂。

在‘秦美’猕猴桃上的试验表明，盛花后在结果枝果穗以上留4～8片叶摘心，能够起到增加幼果养分供应的作用，因此能够显著提高坐果率、单株产量和单果重，而且开花后摘心比6月摘心的增产效果较好。6月份对结果枝进行摘心，由于错过了开花授粉后幼果发育的关键时期，未能对果梢的养分需求矛盾进行有效调节，因此，无论是坐果率和单株产量都明显减少（秦继红，1999）。另外，对‘海沃德’等容易劈裂的品种以及没有防风林的果园，当新梢长15～20厘米时摘去顶端3～5厘米防风的效果最好，过早或过迟效果不佳（黄发伟，2010）。

另外，对‘徐香’等生长势强旺的品种，一般营养枝在新梢变细、开始弯曲缠绕生长时摘心；结果枝在顶端最后一个果实留3～5片叶摘心；二次枝只留1个枝，其余疏除并在新梢变细、开始弯曲缠绕生长时摘心；如抽生3次以上新梢，则留2～4片叶反复摘心。对‘红阳’‘晚红’等生长势弱、生长量相对小的品种，应采取轻摘心的办法，使养分集中供给果实生长。无利用价值、背上直立、过密徒长枝从基部疏除，有空间时留4～5片叶摘心（图6-7）。

图6-7 花后摘心

2. 果实套袋

猕猴桃果实套袋可以改善其外观，减少尘埃及农药对果面的污染、果实病虫害发生及夏季高温造成的日灼危害，降低储藏中软化果和腐败果比例，提高果实的商品性和经济效益，一般套袋后每千克果实售价可提高0.5～1.0元（图6-8）。但是，有些品种果实套袋也会带来较多负面影响，例如施春晖等（2013）用不同种类果袋对‘红阳’猕猴桃套袋试验，表明套袋后虽使果皮、果肉亮度明显提高，但是果心横截面呈放射状红色条纹颜色明显变淡；套袋后果实单果重不同程度减轻；对果实硬度、维生素C含量影响较大。所以，是否套袋要根据具体情况而定。

图6-8 套袋果实对比

目前，猕猴桃上使用的纸袋类型主要包括底部有不封口（图6-9）与封口（图6-10）2种。无论是哪种都要选择透气性好、吸水性小、抗张力

图6-9 底部不封口

强、纸质柔软的木浆纸袋。套袋前必须细致彻底地喷施1次杀菌杀虫剂，可喷布50%丙环唑可湿性粉剂6000倍液或25%戊唑醇可湿性粉剂8000倍液+2.5%高效氟氯氰菊酯乳油2000倍液+硼钙宝2000倍液，以防治猕猴桃褐斑病、小薪甲、金龟子等病虫危害。

套袋应在早晨露水干后或药液干后进行，雨后不宜立即套袋，等果面水珠干了以后再套袋。套袋前一天晚上应将纸袋置于潮湿地方，使纸袋软化，以利于扎紧袋口。用封口袋时，果袋底端两角分别纵向剪两个1厘米长的通气缝。将纸袋用手撑开，使袋体鼓起，袋底两角的通气孔张开，袋口向上，套入果实，将扎丝扎紧，使果实在袋内悬空，注意用力要轻，不要挤伤果柄和果实（图6-11）。另外，套袋后要定期检查套袋果实生长情况，发现破碎袋或脱落袋要及时更换。

图6-10 底部封口

图6-11 套袋方法

3. 花后雄株修剪

雄株开花结束以后，剪除细弱枝和已开过花的枝条，短截健壮的生长枝培养做第二年的开花枝（图6-12、图6-13）。另外，在雄株比较衰弱的时候，应采取去弱留强的修剪措施。过分衰弱的雄株应该适当重截，以利于恢复树势，这样第二年所开的花才能花粉量大、质量好。具体方法：将开过花的雄花序枝从基部剪除，再从紧靠主干的主蔓和侧蔓上选留生长健壮、方位好的新梢加以培养（经过夏剪摘心、抹芽、绑蔓等措施）使之成为来年的母枝（雄花序枝）。雄株修剪后能在当年腾出更多的空间给雌株，扩大雌株生长和结果面积。

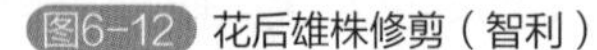
图6-12 花后雄株修剪（智利）

图6-13 花后雄株修剪（新西兰）

4. 叶面喷肥

猕猴桃树体年生长量较大，又很少有生理落果现象，所以对养分需求量高，仅依靠土壤供给养分不能满足正常生长需求。另外，猕猴桃是一种肉质根果树，肉质根系对土壤理化性状要求严格，栽植深度、肥、水等任何一种因素不合适，都可能直接影响根系的正常生长。同时，猕猴桃生理性需水量大，多次反复浇水容易导致果园土壤碳酸盐和亚硝酸盐含量偏高，因而使某些中微量元素被化学固定，导致出现生理性缺素症（图6-14 ～图6-19），特别是在土壤偏碱的地区建园格外明显。猕猴桃特需的钙、镁、铁、钼等元素，在土壤中含量低、易被固化，常常造成树体根系木栓化、叶果黄化、树势衰弱、果实日灼等问题。叶面喷肥肥料有效性强、吸收效率高，而且快捷、定向、经济、高效，可以及时供给树体必需的而在土壤中易于被固定的敏感元素，从而达到协调、均衡、全面补充树体营养，培养健壮树体的目的。

值得注意的是，猕猴桃对铁肥的需求量高于其他果树，其土壤有效铁的临界值为11.9毫克/千克，而苹果、梨分别为9.8毫克/千克和6.3毫克/千克。铁在土壤pH值高于7.5时有效性降低，所以应注重在偏碱性土壤中增施铁肥。由于铁在石灰性土壤中很快被转化为难溶解化合物，所以铁肥不宜直接施于土壤中而更适宜于叶面喷施。

图6-14 缺钙

图6-15 缺磷

图6-16 缺钾

图6-17 缺硫

图6-18 缺锰

图6-19 缺铁

（1）施肥种类

① 氮肥：主要是尿素，其安全使用浓度为0.5%。

② 磷肥：最为常用的是磷酸二氢钾，其安全使用浓度为0.3%～0.5%。

③ 钾肥：可用1%硫酸钾溶液。

④ 铁肥：可用0.2%～1%硫酸亚铁溶液。

⑤ 硼肥：可用0.05%～0.25%硼沙溶液。

⑥ 锰肥：可用0.05%～0.1%硫酸锰溶液。

⑦ 铜肥：可用0.01%～0.02%硫酸铜溶液。

⑧ 锌肥：可用0.05%～0.2%硫酸锌溶液。

⑨ 钼肥：可用0.02%～0.05%钼酸铵溶液。

以上是生长期叶面喷肥的种类和施用浓度。

（2）施用方法

叶面肥可与农药混合施用，以利于节省工序，减轻劳动强度。但注意一般不与碱性农药混合。如果不了解药、肥特性，可以先做混合试验，没有沉淀就表示可以混用。叶面肥应在上午11：00前或在下午4：00以后喷施，这样可以减少挥发；喷施时应使用雾化效果较好的喷雾器或专用的打药设备（图6-20），做到均匀喷布，以免发生药害；喷施时应以叶片背面为主，因为猕猴桃叶片背面粗糙，毛孔粗大，附着力强，吸收率高。

图6-20 叶面喷肥

二、地面管理

（一）果园覆盖

覆盖是指在果园地面以某种方式使果园地面与环境形成一个隔层的地面管理措施，是近年来逐渐受到重视的一种果园管理模式。地面覆盖能较好地保持土壤水分、增加土壤营养物质含量，因而能改良土壤结构，增加树体生长量、增强树势；同时能增加果树的光合速率和蒸腾速率；覆盖对土壤温湿度的作用会显著影响根系的生长发育，能提高根系特别是浅层根的活力，增加根系密度及生长量；覆盖会增加产量，尤其是长期覆盖的果园效果更好。猕猴桃园地表覆盖包括树盘覆盖（图6-21）、行带覆盖（图6-22、图6-23）和全园覆盖（图6-24）等方式，全年都可进行。覆盖物可就地取材，农作物秸秆、糠壳、杂草、绿肥、锯末等均可，厚度以30厘米左右为宜。

图6-21 树盘覆盖（韩国）

图6-22 行带覆盖

图6-23 山地果园行带覆盖

图6-24 全园覆盖（韩国）

（二）施肥

1. 幼龄果园追肥

对幼龄果园继续每隔20天左右根部灌施高氮型水溶肥50克/株。

2. 三年生及以上树体果园施促果肥

落花后，完成受精作用的子房迅速膨大，同时，新梢和叶片也都加速生长，所以此时对肥料的需求量很大。这时施入肥料对壮果、促梢、扩大树冠均有很好的效果，能促进当年产量和来年形成较好的结果母枝以及花芽生理分化（图6-25）。追肥以氮、磷、钾配合施用效果为好。追肥时间一般在落花后20～30天，以速效复合肥为主。施肥量应占全年化学氮肥、磷肥、钾肥用量的20%，例如4年生树每株可施入磷酸二铵0.25～0.3千克，主要采用全园撒施和挖沟施肥两种方法，施后全园应浇透水。

图6-25 追施促果肥

（三）视果园墒情灌水

关于灌水的合理时期，不是等树体已经从形态上显露出缺水状态时才进行灌水，而是在树体受到缺水影响以前就要进行。一般土壤含水量达到田间持水量的60%～80%时，土壤中的水分与空气状况最符合树体生长发育的需要，因此当土壤含水量低于田间持水量的60%时，虽然土壤并不表现干旱症状，但也要及时进行灌水。不同土质可凭经验用手测、目测法判断其大体含水量，可作为是否灌水的参考指标。如壤土和沙壤土，用手紧握形成土团，再挤压时，土团不易碎裂，表明土壤湿度大约在持水量的50%以上；如果手指松开后不能成团，则表明土壤湿度太低。

如果为黏壤土，捏时能成土团，但轻轻挤压容易发生裂缝，则表明土壤湿度较低。

新梢生长和幼果迅速生长期需灌1～2次水，来满足树体和果实生长发育的需要。此期，枝条和根系生长快速进行，如果水分不足，根系、枝梢生长和果实生长都受到影响，导致树体生长缓慢、果实变小。

关于灌水的方法有喷灌、滴灌、微喷灌、沟灌等方式（图6-26～图6-29），其中微喷灌方式是猕猴桃较适宜的灌溉方法，具有田间灌水流量小、分布匀、水量可控、不破坏土壤结构、可实现水肥药一体化、易于实行自动化控制等优点，但是前期需要一定的投入，具体可根据自身情况灵活采用。

图6-26 喷灌

图6-27 滴灌

图6-28 微喷灌（新西兰）

图6-29 沟灌（智利）

（四）科学采用化学除草

果园杂草常年发生，与果树争肥、争水。化学除草具有工效高、效果好、成本低等优点而被广泛使用，科学合理地使用除草剂能起到事半功倍的效果。猕猴桃为肉质根，易产生药害（图6-30、图6-31），施用除草剂时浓度要适当，而且一定注意要在无风的天气进行。邱宁宏（2012）等试验后认为，41％草甘膦异丙胺盐水剂1107克／公顷、1660.5克／公

图6-30 除草剂危害

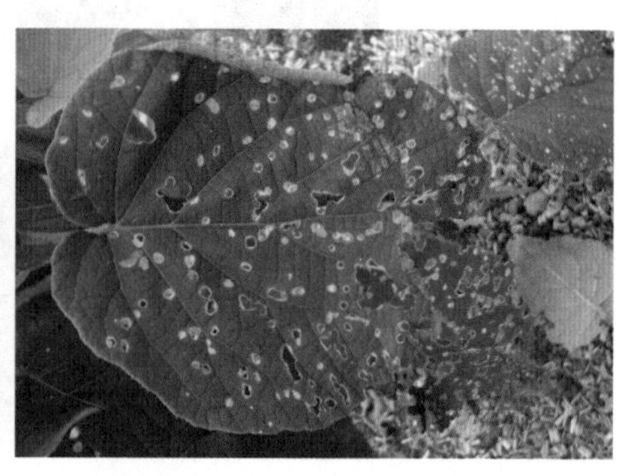

图6-31 除草剂药害（涂美艳提供）

顷、2214克/公顷对猕猴桃园杂草有一定的速效性和持效性，防除效果好；药后15天总草株防效达82.9%～91.0%，药后30天总草株防效达87.6%～94.9%，鲜重防效达95.5%～98.9%。但值得注意的是，不能喷到树体任何部位，而且AA级绿色食品和有机果品认证的生产基地禁止使用化学除草剂，因此要采用人工、机械方法除草或覆盖抑制杂草生长。

三、苗圃地管理

（一）遮阳、浇水

此期很多地区温度较高，对春季实生播种实生苗和硬枝扦插苗木需及时去除塑料棚膜并遮阳，遮阳度以光影斑为宜（图6-32），在阴天或傍晚揭开棚膜，浇水以勤、匀、细为原则。

图6-32 幼苗遮阳

（二）解绑、绑缚、摘心

春季嫁接的实生苗或硬枝扦插苗木当新梢长到30厘米以上，说明嫁接部位或扦插已完全愈合、成苗，对嫁接苗应该解绑（图6-33），预防愈伤组织被塑料条包裹影响营养运输。用小竹竿等插在苗木基部10厘米左右位置，用绳等绑缚材料，呈“之”字形把新梢绑在支柱上，使幼苗直立向上生长（图6-34），注意不要让新梢缠绕、盘旋在支柱上生长，发现缠绕应及时摘心促壮生长并重新绑缚。当幼苗高50厘米时，应适当摘心，以促进组织充实和加粗生长。

图6-33 嫁接苗解绑

图6-34 嫁接苗新梢牵引生长

（三）除草、追肥

视培育苗木的长势，可每隔15天左右，用0.3%尿素液喷淋一次。除草和松土可以结合进行，可以减少肥水损失，并起保墒作用。

（四）进行绿枝扦插

选择土壤疏松透气、排水良好的沙壤土作苗圃，施足基肥后翻土，上面铺20～25厘米厚的干净河沙。插壤使用前必须消毒，可用1%～2%

的福尔马林溶液用喷雾器边喷边翻动，以全部喷湿为度，然后堆好，用塑料膜密闭1周左右，揭去薄膜并加以翻动，经2～3天通风即可填入插床使用。用过的旧插壤更应注意消毒灭菌工作。将插壤整平耙细，作成宽1.0米，高0.3米的插床，灌透水备用。

5月底至6月上旬，选生长良好的新梢中部组织充实部分剪取，插条剪留2～3个芽。下剪口紧挨节下削平，因节上膨大部分储藏养分较多，以利愈合生根。上剪口距芽3厘米处剪成平口，以避免剪口抽干影响第一个芽的萌发。插条不带叶片不易生根，每根插条大叶留1/2片，小叶留1片即可，其余叶片从基部剪去。猕猴桃枝条髓大中空，扦插不易成活，必须进行生根处理，可用0.5%吲哚丁酸（IBA）浸蘸枝条3～5分钟，或用0.5%的α-萘乙酸（NAA）浸蘸1分钟，也可根据包装袋上的说明操作。基部浸入深度为插穗长度的1/3左右为好。扦插时插条呈45°角斜插，并使插条上端保留叶的叶腋高出苗床1厘米左右，将插条周围沙土按实并再次灌水使插条与土壤密接（图6-35）。插条要随剪随插。

扦插后要搭高2米左右的棚遮阳（图6-36），扦插后20天以内，每天用喷雾器或水袋进行多次喷雾，要使叶片经常保持湿润状态，1个月左右开始生根，第2年即可成苗移栽。

图6-35 绿枝扦插

图6-36 扦插后遮阳

四、病虫害防治

这一时期果园的防控对象主要是叶部病害以及蝽类、斑衣蜡蝉、叶蝉、蚧类、隆背花薪甲和叶螨等虫害，苗圃地主要预防立枯病以及蛴螬等地下害虫。视病虫害发生情况，最好采用物理方式或农业方式防治，例如可采取树干绑草等措施诱杀草履蚧等，可根据茶翅蝽和金龟子的发生情况进行人工捕捉；对蛾类幼虫和成虫，设立灯光诱杀点、化学诱杀点等（图6-37 ～图6-40）。

图6-37 性诱剂

图6-38 杀虫灯

图6-39 黄板诱杀

图6-40 化学诱杀

药剂防治措施包括：

（一）害虫防治

果园害虫防治最好利用其天敌（图6-41、图6-42）来以虫治虫，或者采用农业防治或物理防治的方法，减少对果实的农药污染。严重时，可在麦收前后，用浏阳霉素、百部碱或苦参碱单剂进行叶面喷雾，预防叶螨；可用苦参碱、鱼藤酮和印楝素等进行树体喷雾，防治叶蝉、蝽、斑衣蜡蝉、隆背花薪甲等害虫。

图6-41 瓢虫

图6-42 螳螂

苗圃地要注意防治蛴螬、蝼蛄等地下害虫对幼苗的破坏，可进行毒饵诱杀，例如可用80%敌百虫可湿粉0.05千克与炒香豆饼5千克，对水适量配成毒饵（图6-43），于傍晚撒施在被害田，每亩用1～1.5千克。

图6-43 毒饵毒杀地下害虫

（二）病害防治

果园应重点预防灰霉病、褐斑病、花腐病、叶溃疡、病毒病等。可在谢花后7天开始，全园喷施0.3%四霉素水剂600倍液+42.8%氟菌肟菌酯悬浮剂1500倍液等进行防治。

苗圃地应重点预防立枯病，该病主要为害株高30厘米以下的苗木。病苗茎基部初期出现水渍状略凹陷的病斑，慢慢扩大直至病部皮层全部变黑褐色腐烂状。病部以上叶片逐渐变黄萎蔫，最后整株枯死，叶片呈黑褐色焦枯状。潮湿时病部长出稀疏白霉，其病菌均为土壤习居菌，可在土壤中长期存活，条件适宜时便侵害幼苗。该病发生的轻重与气象、栽培条件关系较大。其中高温高湿、密度过大、大水漫灌、排水不良均可加重病害。防治此病应以农业防治为主，结合进行化学防治。

① 改进栽培管理，提高幼苗抗性：选择地势较高、排灌方便、土质疏松肥沃的地块育苗，提高苗床荫棚高度，及时间苗、移栽。

② 减少田间病源：不同菜地、老苗圃地育苗，土杂肥要充分腐熟，

播种覆盖用河沙要消毒，发现病苗及时拔除，并集中曝晒烧毁。

③ 化学防治：田间出现少量病株时，用8 ∶ 2的草木灰、石灰粉混合物或1%硫酸亚铁（混沙）撒于病区畦面，也可用65%代森锌可湿性粉剂500倍液或50%托布津可湿性粉剂800 ～ 1000倍液进行喷雾，均有良好的防治效果（图6-44）。

图6-44 苗圃喷药

6月下旬至8月下旬（新梢旺长期）管理

一、树体管理

二、地面管理

三、苗圃地管理

四、病虫害防治

一、树体管理

（一）幼龄园树体整形

对一年生幼树，继续培养主干，注意不要让新梢缠绕支撑物生长，如果发生缠绕说明枝条先端生长势开始变弱，应摘心至开始出现缠绕部位下方的饱满芽位置，以便及时更换延长头，确保主干旺盛向上直立生长，并解开原来的绑缚部位重新按照直立生长的方向绑缚。待主干生长到接近架高10厘米左右位置时，对其摘心，促使在主干先端萌发新梢，选择芽位置相反、距离较近的2个新梢作为将来的主蔓进行保留；保留的两个新梢早期不要水平绑缚，甚至可以用绳或木棍牵引，使其向斜上方生长，顶端优势的作用会使这两个新梢生长很快，当一侧长度达到株距一半左右的位置时，再将这两根作为永久性主蔓的新梢分别从架面中央向相反的两个方向引缚，使其在架面上呈“丫”形分布（图7-1）。另外也可以将保留的两个主蔓反向交叉后上架，主蔓交叉不仅可以牢固树体，增加树体抗风性，而且还可以避免传统一干两蔓树形造成的主干与主蔓分枝处易劈裂、结果母枝外移远离主干导致内部空膛等弊端。主蔓上架单侧长到1/2株距位置时，应尽快固定到中心铅丝上，以促进主蔓中下部芽眼发育饱满，利于侧枝萌发（图7-2）。

图7-1 双主蔓“丫”形分布

对二年生树体，及时管理春季新发的侧蔓枝条，如有缠绕扭曲及时摘心到饱满芽位置，以便及时更换延长头，促进其在行间生长，使其尽快布满架面（图7-3）。

图7-2 将双主蔓固定在铅丝上

图7-3 对架面侧蔓枝条的管理

（二）三年生及以上树体管理

1. 疏梢、剪梢

对抹芽摘心所遗漏的旺长新梢（图7-4），坐果以后要进行疏梢、剪梢。过密向上生长的旺梢、交叉横生的梢、生长不充实的营养竞争梢、受损梢、病虫梢均应疏除。新梢生长前端的卷曲、缠绕部分一律剪除。注意猕猴桃在生长期内也有伤流现象，夏季修剪应尽量少剪，少截伤口，提倡多抹芽、摘心等措施。

图7-4 新梢旺盛生长

2. 短截、摘心

从主蔓、侧蔓或结果母枝上萌发出来的徒长枝应及时疏除、短截，以抑制其生长。结果母枝也应适当短截（图7-5），使结果枝从基部1～2节以上就能连续抽生，有利于提高果实品质，减少畸形果的产生。在枝蔓短截时，为了使剪口芽不受影响，应在芽上2～4厘米处下剪。对生长旺盛的新梢应连续摘心（图7-6），控制其生长势；对生长中庸的营养枝，可在10厘米左右长时进行摘心控制生长；对较长的结果枝，可在果实上方留10片叶进行摘心，抽生副梢时，可留1～2片叶进行摘心。

图7-5 短截

图7-6 摘心

3. 环割（环剥）

环割是指用利刀或环割器切断果树主干或主枝基部皮层（到达韧皮部，不伤木质部）一圈或几圈，环剥是将主干或主枝基部剥去一定宽度的皮层。环割对树体产生的影响比较小、环剥对树体产生的影响更大一点，二者能暂时增加处理以上部位碳水化合物的积累，并使生长素含量下降，从而抑制当年新梢的营养生长，促进生殖生长，有利于花芽形成和提高坐果率，经常在老树上采取这种做法（图7-7）。

目前环剥技术在我国猕猴桃果园应用较少，在新西兰果园应用很广泛。据相关研究人员介绍，'海沃德'采用环剥技术，单果重可以增加10克，干物质含量可以提高1%；对黄肉品种采用环剥技术，单果重可以增加10克，干物质含量可以提高2.4%。针对'海沃德'品种，花前2～3周环剥一次，可以增加坐果率；花后3～4周环剥一次，促进果实增大；采前一个月环剥，促进果实成熟。环剥时，工具采用一种专用的环剥锯链（图7-8）操作部位多在枝蔓（图7-9）或主干基部，环剥带的宽度为枝蔓粗的1/10～1/8，但最宽不能超过0.5厘米（图7-10）。旺盛生长季容易去皮，干旱地区对环剥伤口进行透明塑料胶带包裹，有利于伤口愈合。

图7-7 多次环剥

图7-8 环剥锯链（Nick Gould）

图7-9 枝蔓环剥

图7-10 环剥宽度

（三）高接树管理

春季高接的品种接穗已经生长较长，要及时解除塑料条（图7-11），以免影响加粗生长，同时对嫁接成活的品种新梢按培养树形进行绑缚固定，避免被风吹断。

图7-11 解除塑料条

二、地面管理

（一）果园灌水和排水

猕猴桃是肉质浅根系植物，性喜湿润气候，对土壤含水量及环境湿度要求较严格。其果实、藤蔓、枝叶的含水量都很高，枝叶生长旺盛，蒸腾耗水量大。6～8月份正值一年最高温度的夏天，倘若水分供应不足，会使枝蔓萎蔫、影响果实生长和花芽分化，会对第2年的产量带来影响。所以及时灌水（图7-12～图7-14）可以缓解高温、低湿和树体蒸腾量大之间的矛盾，可满足果实迅速生长发育和混合芽形成对水分的需求。新

图7-12 水肥一体化方式（意大利）

图7-13 喷灌方式（新西兰）

图7-14 国内喷灌果园

西兰研究表明：夏天正常栽植密度的猕猴桃，每株树用于蒸腾的水量高达100升；此时不灌水或灌水不足，轻则导致树体大量落叶、落果，重者枝蔓枯死且整株死亡。

水分过多，对树体生长也会产生不利影响，尤其是生长的中后期水分过多，不仅容易使果实裂开（图7-15），还会导致树体（特别是幼树）贪青徒长，影响枝芽发育充实，降低其越冬能力。积水还会造成土壤缺氧，好气性微生物活动减弱，有机质分解能力下降，影响土壤肥力提高；根系进行无氧呼吸，积累乙醇，同时土壤中的肥料无氧分解会产生一些如甲烷、一氧化碳、硫化氢等有毒物质，使根系中毒而大量死亡，引起地上部萎蔫甚至落叶，最后整株死亡。生产实践中看到，高温季节大雨过后，猕猴桃园排水不良，发生浸水一天以上之后，第一天树叶萎

图7-15 水分多导致裂果

蔫，第二天树叶脱落，第三天过后植株即可死亡，可以这样说，涝害大于干旱。因此，雨后排水对维持猕猴桃正常生长发育是极为重要的。建园时需以当地地势等情况预设排水沟，平原地区一般采用明渠排水（图7-16），山地采用等高线排水（图7-17）即可。如没有排水明渠且降雨量很大、已在猕猴桃园造成积水，需立即挖设排水沟，将积水排出。在土壤黏重地区建园，尤其是容易渍水的低洼地段，必须设置地下暗沟，以防久雨期间的暗渍，同时也有利于干旱时的灌溉。

图7-16 四川地区果园灌、排水沟渠

图7-17 湖南山地果园等高线排水

（二）间作物管理

在猕猴桃需肥水高峰期，加强对间作物的管理（图7-18～图7-22），及时追肥、浇水，可以减少间作物与树体对养分的竞争，同时要加强除杂草及病虫害（图7-23）管理等工作。爬长秧的作物如毛叶苕子、西瓜等，要经常整理其茎蔓，防止其爬上树，影响树体生长。另外，应适时

图7-18 间作辣椒

采收间作物的果实等，同时生产园也可以考虑种养结合，以提高果园经济效益。但应注意养殖动物种类和密度（图7-24），以免造成对土壤过度踩踏或对树体破坏等造成不利影响。

图7-19 间作红薯

图7-20 间作绿豆

图7-21 间作花生采收

图7-22 生草定期刈割

图7-23 间作物病虫害防治

图7-24 种养结合（家禽密度过大）

（三）施肥

三年生以上树体此期施肥（图7-25、图7-26），主要是使果实内部发育充实，增加单果重和提高品质，并使树体较好完成花芽分化。肥料氮：磷：钾=2 ：2 ：1，株施0.5 ～ 2千克（视树体大小而定），辅以豆饼水、腐熟人粪尿、复合肥等速效性肥料，并适当补充锌、铁、镁等微量元素肥料。

图7-25 条状沟施肥

图7-26 根际撒施

对幼龄果园7月份根部灌施一次均衡性水溶肥50克/株，隔一个月左右根部灌施一次高钾型水溶肥50克/株。

三、苗圃地管理

（一）实生育苗播种基地进行间苗、移栽

实生播种的猕猴桃种子出苗整齐后，较密，如果不进行间苗或移栽，则生长缓慢，尤其是难以增粗（图7-27）。因此，当幼苗生长至1 ～ 3片真叶时要拔除弱苗、病苗和畸形苗，保持苗间距2 ～ 3厘米。除草要做到拔早、拔小，有利于幼苗生长。扦插苗进行移栽也有利于根系的进一步扩大和茎叶的生长，应该在扦插苗根长约10厘米时适时进行移栽。

移栽最好在阴天、傍晚和早晨进行（图7-28）。移栽前一天原来的育苗圃地要浇透水，以利带土移栽，少伤根。露地移栽土地应事先深

翻，除去石子并用铁锨等工具拍碎土块，施足腐熟底肥、混匀。容易淹水的地块做高垄，垄宽10厘米，高10～15厘米，长度根据幼苗数量不限；不容易积水的地块可以做平畦。移栽植株株距10～15厘米，行距15～20厘米，移栽后要一次把水灌足（图7-29）。也可以在营养钵里移栽，这样有利于根系扩大（图7-30）、培养成容器苗并便于管理。光照较强时要架设遮阳网（图7-31、图7-32），采用人工除草，做到有草必除。移栽后要始终保持土壤湿度，土壤含水量小于70%的时候要及时浇水（图7-33、图7-34）；同时多雨季节要随时做好排水工作。

图7-27 过密的实生苗

图7-28 营养钵移栽

图7-29 扦插苗露地移栽

图7-30 营养钵苗根系

图7-31 移栽至营养钵内注意遮阳

图7-32 露地苗遮阳

图7-33 钵苗管理

图7-34 移栽后浇水

（二）其他苗木基地

除定期浇水、松土、除草外，施一次钾肥或复合肥，可促使苗木生长健壮、芽眼饱满。绿枝扦插苗床要在扦插后的2～3周内严格注意保湿，最好采用弥雾方式进行水分管理。

四、病虫害防治

（一）日灼病

1. 症状

在夏季，强光、高温、干旱条件下很容易发生猕猴桃果实的日灼病。果实受害后，果皮凹陷，形成不规则的红褐色坏死斑（图7-35），表面粗糙似革质，果实品质下降，风味差，不耐储藏，严重的失去食用价值，易变软腐烂，日灼果容易脱落（图7-36）。所以，夏季预防日灼病的发生是一项重要的工作。防治日灼病的关键措施是遮阳护果，增强树势。

图7-35 日灼果实

图7-36 早期落果

2. 防治方法

① 适当疏果。树体超负荷挂果是猕猴桃日灼病产生的原因之一，尤其是树势不旺、抗性不强的品种，控制挂果量是减少或消除日灼病的有效措施。当果实膨大幅度不大、生长明显缓慢时，应随时进行疏果，减轻负载。

② 搭设遮阳网是重要防治手段。何科佳等（2007）以中华猕猴桃‘翠玉’和美味猕猴桃‘米良一号’为试材，研究了高温季节（7月初至9月底）不同遮阳强度（0、25%、50%、75%）对猕猴桃园生态因子和光合作用的影响，认为未遮阳的自然条件下，猕猴桃叶、果表面温度极高，蒸腾强烈，叶片光合作用出现严重的“午休”现象，树体处于严重的胁迫状态；遮阳可在一定程度上降温增湿，改善猕猴桃冠幕微环境，大大降低叶温和果温，有效消除叶片光合作用的“午休”现象。‘翠玉’适宜的遮阳强度约为25%，‘米良一号’约为50%。遮阳对‘翠玉’叶片蒸腾速率无显著影响，但对‘米良一号’的影响较大。可见，适度遮阳能有效缓解夏季高温强光对猕猴桃的危害，但过度遮阳有负面影响（图7-37）。

③ 果实周围适当多保留叶片。在夏季修剪时，在果实上方多留几片

叶，也可以增加叶幕层厚度，尤其是偏弱的树势，要多留叶，以遮挡阳光对果实的直射。套袋果可打开通气孔，降低袋内温度（图7-38）。

④ 加强灌溉。夏季持续高温和干旱少雨，土壤含水量低于75%时，果园最好早、晚隔天喷水一次，以补充树体蒸腾散失的水分和降低果园温度（图7-39）。

⑤ 果园覆盖。可有效减少地面水分蒸发、降低地温、改善园内小气候、增强树势、提高抗逆性，是一种良好的果园管理方式。

图7-37 遮阳加行间种草

图7-38 果实套袋加覆草

图7-39 果园喷水加套袋

（二）褐斑病

1. 症状

猕猴桃褐斑病是猕猴桃主要病害之一，主要为害叶片和枝干，是猕猴桃生长期严重的叶部病害。该病为真菌性病害，发病部位多从叶片边缘开始，初期在叶片边缘出现水渍状污绿色小斑（图7-40），以后病斑顺叶缘扩展，形成不规则大褐斑，病斑周围呈现深褐色，中部色浅，其上散生许多黑色点粒，以后多个病斑相互融合，形成不规则形的大枯斑（图7-41），严重时造成病叶大量枯卷或提前脱落，对猕猴桃产量和品质影响较大。

图7-40 感病初期

图7-41 感病后期

2. 防治方法

① 加强田间管理，适时灌水、排水、摘心，改善田间通风透光条件，喷施叶面肥保护叶片，提高叶片光合能力。

② 增施有机肥改良土壤结构，提高土壤通透性；合理追施有机复合肥，结合补充中微量元素肥料，全面提高树势和树体抗性。

③ 发病初期，可用50%多菌灵或甲基托布津可湿性粉剂500倍液、75%百菌清可湿性粉剂500倍液、70%代森锰锌400～500倍液任意一种隔7～8天喷1次，共喷2～3次，可有效控制病害流行。防治时要注意，在高温、阴雨、雾天和露水未干情况下，要避免使用波尔多液、含铜制剂（杀菌剂），以免发生药害。用药要避免高温时段，应在上午10时以前和下午5时后施药，确保操作人员和作物安全。

（三）疮痂病

1. 症状

疮痂病是一种真菌病害。该病多在果实生长后期危害果实，在果肩或朝上果面发生。病斑近圆形，红褐色，较小，突起呈疱疹状。果实上许多病斑连成一片，表面粗糙，似疮痂状（图7-42）。病斑一般只危害果实的表皮组织，不深入果肉。

图7-42 疮痂病

2. 防治方法

① 幼果套袋：谢花后1周开始幼果套袋，避免侵染。

② 药剂处理：从谢花后两周至果实膨大期（5～8月份）向树冠喷布50%的多菌灵800倍液或1 ∶ 0.5 ∶ 200倍式波尔多液，或80%甲基托布津可湿性粉剂1000倍液，喷洒2～3次，喷药期间隔20天左右。

③ 农业防治：清除修剪下来的猕猴桃枝条和枯枝落叶，集中烧毁，减少病菌寄生杨所。

（四）虫害的综合防治

视虫害发生情况进行防治。灯光诱杀、化学诱杀防治蛾类幼虫和成虫（图7-43、图7-44）。用菌立灭2号水剂600倍液+40%福星乳油

图7-43 车天蛾

图7-44 斜纹叶蛾

800倍液+2.5%绿色功夫乳油2500倍液喷布防治椿象（图7-45）、红蜘蛛（图7-46）等害虫。

图7-45 椿象

图7-46 红蜘蛛

对桑白蚧（图7-47）等害虫可用硬毛刷刷掉枝干上的虫体后，采用25%噻嗪酮可湿性粉剂1500倍液或22.4%螺虫乙酯悬浮剂4500倍液等进行化学防治。

图7-47 桑白蚧

8月下旬至11月底（采果前至果实采收）管理

一、树体管理

（一）幼龄果园的整形管理

继续按照“单主干，双主蔓，结果母枝直接着生在主蔓上”的羽状树形进行整形。定植的苗木如果是实生苗，健壮的实生苗木此时可以嫁接品种接穗，可采用带木质部芽接法，嫁接部位以木质化程度较好、直径0.7厘米以上处为好。

（二）三年生及以上树体管理

1. 夏季修剪

要继续进行疏枝、绑蔓、抹芽、摘心、打顶、环剥等工作，前期继续果实遮阳。

2. 叶面喷肥

8月底，可叶面喷施1次钙肥，增强果实的耐贮性；9月份叶面喷施磷酸二氢钾250倍液或有机钾肥400倍液，相隔10 ～ 15天再喷1次，可提高果实品质；在采果后、未落叶前喷施一次0.5%尿素，可增加叶片光合作用，增加养分积累，促进花芽进一步发育和枝条成熟。

3. 果实采收

按目前猕猴桃栽培品种的类型，食用方式可包括采后即食型和后熟软化以后食用两种。前者主要包括一些软枣猕猴桃和极个别大果类型中的硬肉可食型品种，绝大部分猕猴桃属于后者。软枣猕猴桃目前有全红、绿肉两种栽培类型，一般在观光采摘园种植较多。全红类型在果皮变为红色、硬度开始变软时即可以食用，绿肉也是在果皮硬度开始变软时开始食用。需要后熟软化的猕猴桃园其最佳采收期与种类、品种、栽培管理和气候条件等密切相关；不同品种的猕猴桃由于果实发育期不同，其适宜采收的时间也不同；同一品种在不同年份、不同产地，由于气候条件的不一致，其最佳的采收时间也有所差异。所以，根据前人研究资料的综合分析，可以通过对果实可溶性固形物含量、硬度、果实生育期、果实发育的颜色状态、干物质含量和果肉色泽等指标进行综合考虑，来确定不同品种猕猴桃的最佳采收期。

2013年，中国农业科学院郑州果树研究所承担了农业行业标准《猕猴桃采收与贮运技术规范》（NY/T 1392—2007）修订工作。在新修订的标准《猕猴桃采收与贮运技术规范》研制过程中，结合本单位实践经验，查阅了大量关于猕猴桃新品种介绍、品种的最佳采收期数值，同时在充分征求全国各产区科研、生产及销售人员意见基础上，提出了猕猴桃适宜采收期参考指标，见表8-1，目前该标准已经颁布实施（NY/T 1392—2015）。

表8-1　适宜采收期参考指标

参考指标	范围
可溶性固形物含量	≥6.2%
果实生育期	各产区可根据调查和试验数据，确定适合当地各猕猴桃品种采收的平均发育天数
果实硬度	80%以上果实的硬度开始下降
果梗与果实分离的难易	80%以上的果实果柄基部形成离层，果实容易采收
果面特征变化	80%以上的果实果面特征如颜色发生变化、茸毛部分或全部脱落等
种子颜色	呈现黄褐色
干物质含量	≥15%
果肉色度角	对于黄肉品种，果肉色度角≤103°

避免雨天和雨后采收。晴天时，避开高温和有露水的时候采收。采前10天果园不能灌水。雨后3～5天不能采收，否则严重影响贮藏性。采摘未套袋果实盛果用具底部及四周应铺垫软物（图8-1）；套袋果实可以直接带袋采收，用筐盛放，采下来后集中去除纸袋（图8-2、图8-3）。软枣猕猴桃因成串结果较多，单个采摘不方便，采收时可将整个结果枝剪下来后再将一个个果实小心剪下（图8-4）。随手将有各种具明显伤害症状的果实和畸形果等剔出；将采下的果实装入周转箱，放在树荫下或者阴凉、通风的场所，严禁在太阳下曝晒。猕猴桃在采摘、搬运、

码垛等过程中要时刻注意轻拿、轻放、轻搬运，避免或减少磕碰、挤压、摩擦、震动和跌落等造成的外力伤害。果实采后，一般都应在田间进行初步分级和选果，并在通风阴凉处散发田间热，清除一切与销售无关的杂物及伤、残、病、劣、畸、污、腐果，同时还应贴好标签，作好记录。

图8-1 大果类型猕猴桃采摘（新西兰）

图8-2 大果类型猕猴桃采摘（国内）

图8-3 采后去袋

图8-4 软枣猕猴桃采摘

（三）老果园品种更新高接

盛果期大树更新果园可留10～15个主枝，利用当年成熟枝条做砧木，高接换种。

1. 嵌芽接

也称带木质芽接，秋季猕猴桃嫁接应用该方法较多，其优点为操作快，嫁接成活率高。具体做法如下（图8-5）。

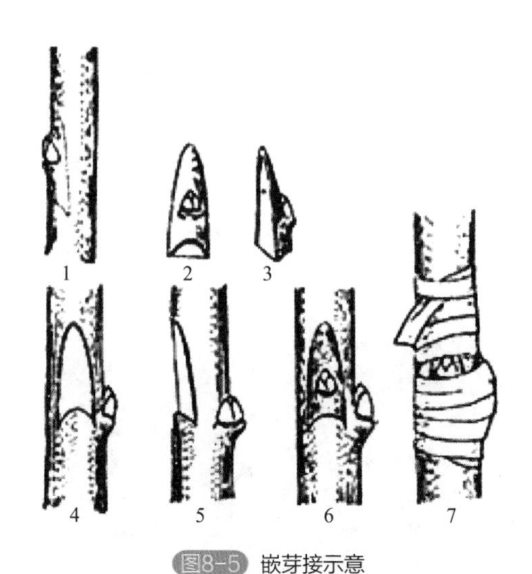

图8-5 嵌芽接示意

1—取接芽；2—接芽正面；3—接芽侧面；
4—砧木削面；5—砧木削侧面；
6—接入接芽；7—绑缚

① 在砧木离地面5～10厘米半木质化的光滑处，先在下部切一长度约0.3～0.4厘米、深度约为砧木直径的1/5～1/4、斜度约为45°的斜面；再从其正上方约2厘米处下刀，向下斜切至第一刀的深处，去掉切块。

② 削接芽时倒持接穗，同法在接穗的饱满芽上、下方各1厘米处下刀，切出带木质芽块，其大小尽量与砧木上的切口一致。

③ 将切好的芽块插入砧木切口，插紧插正，至少使一边形成层对齐，如接芽与接口不一样大，可让大部分形成层对准。

④ 用农膜绑严接口和接芽，只露接芽叶柄和芽眼，防止水分散失。上半年嫁接时，接芽可露在外面，有利于成活后立即萌发。但秋季嫁接则要包住接芽而且不剪砧，以防冬前萌发。

2. 劈接

将接穗削成马耳形，插入劈开的砧木（图8-6），然后采用塑料条绑紧，做到不进水、不透风（图8-7）。具体同第三章“嫁接”部分内容。

图8-6 劈接

图8-7 劈接完成

（四）预防气温骤降对树体造成的危害

温度骤降会对树体芽（图8-8）、叶片（图8-9）等产生影响，直接影响第二年的树势和产量。可采用枝干涂白的方法预防气温骤降对树体和果实的危害，涂白液配方是生石灰10千克、水30千克、食盐2千克、石硫合剂晶体原液1.5千克，混匀，涂抹主干、主枝基部（图8-10）。涂白可减少冻害，还可兼杀越冬病虫卵。另外，也可以将主干基部保护起来（图8-11）。

图8-8 芽冻害

图8-9 叶片冻害

图8-10 主干涂白

图8-11 保护主干基部

二、地面管理

（一）秋施基肥

猕猴桃根系1年有3次生长高峰，9～10月为根系第3次生长高峰期，此时根系生长活跃、吸收能力强，果实采收后应及时施肥。肥料应以腐熟或半腐熟的有机肥为主，也可以混入部分化肥以增进肥效，如尿素、硫铵、硝铵、过磷酸钙、硫酸钾等。秋施基肥能结合土壤深翻，疏松土壤，消灭杂草，增加土壤有机质含量，提高土壤温度，减轻根系冻害并有利于冬季积雪保墒，防止春旱。此外，秋季早施基肥，利于有机物的腐熟分解，提早供应养分，及时满足春季根系活动、萌芽、开花、坐果等物候期对养分的需要。

1. 肥料用量

陕西猕猴桃试验表明：1～3年生幼苗，亩施农家肥1500～1800千克，氮（N）6～8千克，磷（P_2O_5）3～6千克，钾（K_2O）3～5千克。4～7年生幼苗，亩施农家肥3000～4000千克，氮（N）15～20千克，磷（P_2O_5）12～16千克，钾（K_2O）6.5～10千克。成龄园，目标产量2000千克左右，亩施优质农家肥5000千克，氮（N）28～30千克，磷（P_2O_5）21～24千克，钾（K_2O）12～14千克（乔继宏，2009）。秋季施基肥用量一般应达到全年总施肥量的60%以上。各种来源肥料养分含量见表8-2。

表8-2　人和家畜、家禽新鲜粪尿中的养分含量　　单位：克/千克

种类	项目	水分	有机物质	氮（N）	磷（P_2O_5）	钾（K_2O）
猪	粪	820	150	5.6	4.0	4.4
	尿	890	25	1.2	1.2	9.5
牛	粪	830	145	3.2	2.5	1.5
	尿	940	30	5.0	0.3	6.5
马	粪	760	200	5.5	3.0	2.4
	尿	900	65	12.0	0.1	15.0
羊	粪	650	280	6.5	5.0	2.5
	尿	870	72	14.0	0.3	21.0
人	粪	750	221	15.0	11.0	5.0
	尿	970	20	6.0	1.0	2.0
鸡	粪	510	255	16.3	15.4	8.5
鸭	粪	570	262	11.0	14.0	6.2

2. 施用方法

主要采用挖沟施肥或全园撒施。对幼龄果园可采用株间挖沟施肥法（图8-12），利于根系向行内生长。撒施适用于成年结果树和密植园的施肥，即将事先腐熟好的有机肥（图8-13）均匀撒于地面，然后用旋耕机再翻入土中，深翻深度一般为20厘米左右，距树干近时深翻深度要适当浅（图8-14）。对于采用覆盖方式管理的果园，最好两年左右时间揭开地布结合全园撒施肥料深翻土壤一次（图8-15、图8-16），以避免板结，特别是对南方较黏重的土壤（图8-17）。

也可采用挖沟法。挖沟法可挖环状沟、放射沟和条状沟。

① 环状沟：在树冠外围挖一环形沟，沟宽20～40厘米，深度为30～40厘米。

② 放射沟：在树冠下距树干1米左右向外挖沟，依树大小向外放射挖沟6～10条，沟的深、宽同环状沟。

③ 条状沟：在树冠边缘外的地方，相对两面各挖1条施肥沟，深30厘米左右，宽10～20厘米，将肥施入。

图8-12 对幼龄果园可采用株间挖沟施肥法

图8-13 腐熟的有机肥

图8-14 用旋耕机将肥料施入土壤中

图8-15 去除覆盖物施肥

图8-16 覆盖管理果园全园撒施肥料结合深翻土壤

图8-17 果园深翻

（二）视果园墒情进行排水、灌水

秋季注意果园洪涝灾害，有积水时立刻排水（图8-18）。秋施基肥后如果土壤墒情差必须灌水。土壤封冻前所有果园应浇封冻水（图8-19）。

图8-18 排灌水沟

图8-19 浇封冻水

三、苗圃地管理

（一）绿枝扦插苗的管理

绿枝扦插苗生根长约10厘米时（图8-20），管理方法同硬枝扦插苗，进行移栽、摘心、插竹竿等。

（二）其他苗木的管理

当苗高达到15～20厘米时，每公顷苗地追施尿素5～10千克，每

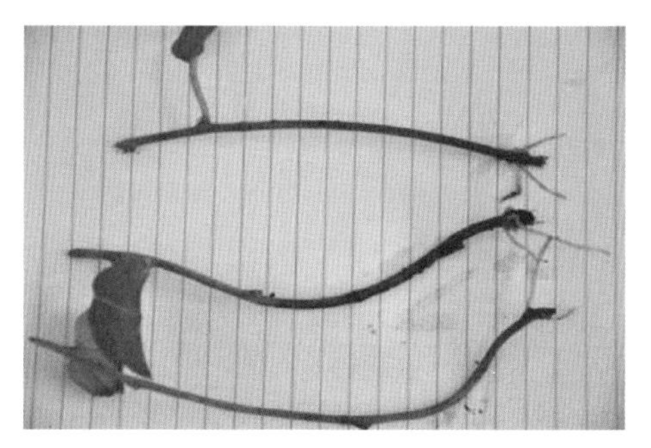

图8-20 绿枝扦插苗生根

月1次，连续追施3次。当苗高达到40～50厘米时，及时摘心，让茎秆加粗生长（图8-21）。摘心后为加强苗木的生长，每公顷苗地要用50升0.2%～0.3%的磷酸二氢钾溶液叶面喷施，每月1次。生长后期要插竹竿（图8-22）或用绳索牵引，使其向上生长（图8-23）。实生苗地径0.7厘米粗度可进行嫁接。

图8-21 苗圃地（国内）

图8-22 苗圃地（意大利）

图8-23 绳索牵引苗木向上生长

四、病虫害防治

（一）害虫防治

这段时期虫害主要包括斜纹夜蛾、蠹蛾、介壳虫、蜗牛、斑衣蜡蝉等。可在果实采收10天以后采用30%松脂酸钠800倍液、25%噻嗪酮可湿性粉剂1500倍液或22.4%螺虫乙酯悬浮剂4500倍液等+有机硅3000倍液交替使用。

（二）病害防治

这段时期病害早期主要包括褐斑病、软腐病、黑斑病、线虫病、根腐病，后期会导致树干溃疡病的初发以及秋梢褐斑病、灰霉病的流行。早期可在果实采收前20天以上全园喷施42.4%唑醚·氟酰胺悬浮剂2000倍液或10%多抗霉素1500倍液+5%氨基寡糖素AS1000倍液；落叶前喷施42.8%氟菌·肟菌酯悬浮剂1500倍液+0.3%四霉素水剂600倍液；11月底成龄果园用松尔膜或勃生肥涂干。

五、果实销售

（一）运输

果实采收之后，在田间就应立刻装入带孔木箱、塑料箱或硬质纸箱中（图8-24），但每箱果实重量宜控制在20千克以内，然后用三轮车等将猕猴桃运至包装场，并保证在整个装卸、运输过程中不产生任何机械损伤。鲜果运到包装场后即可进行挑选、分装，然后码垛入贮；也可直接入库贮藏，待出库时再行选果、分装。运输（图8-25）是我国猕猴桃流通领域的一个薄弱环节，由于实施、管理过程中的忽视，如装卸运输中的机械损伤，有时竟高达16%以上，给鲜果的营销带来极大困难，也常造成重大损失。因此，大力发展以重载卡车为基础的控温减震运输，对猕猴桃的远程流通是非常必要的，力争尽快实现猕猴桃鲜果流通的低温链条。在经济发达国家，如美国、日本等，果蔬采后实现了冷链运输系统。我国在果蔬冷链流通方面的工作刚刚起步，需要研究各种果蔬适宜的运输条件。

图8-24 简易就近运输箱

图8-25 运输

（二）分级

猕猴桃果实采后进行分级可以做到按级定价，同时便于贮藏、包装和销售，可以做到商品标准化管理。目前分级是在预分选的基础上，再按外观和重量进行分级。现代化的采后商品化处理，要求必须使用机械分级，这样可以保证较高的工作效率。实际操作中，为了使分级标准更加一致，机械分级和人工分级经常结合进行。

1. 外观分级

果实在生长发育过程中，受多种内外界因素影响，会导致良莠不齐、大小混杂，而且也会有少量的机械伤、病虫危害。通过预分选，挑选出畸形果和病虫果后，再进一步按照外观分级。一般将畸形度不高、表面疤痕不明显，果实表面颜色相差不大、具有一定商品价值的果实按照其缺陷程度分出等级，该项工作一般利用人工进行。

2. 重量分级

（1）人工进行分级

目前国内采用该方法的较多，这种分级方法有两种。其一，仅凭人的视觉判断，按果实大小将果品分为若干级别，该方法的缺点是容易受到个人的主观因素干扰，偏差较大。其二，用选果板分级，根据果实横径的不同进行分级，该方法同一级果实大小较为一致，偏差相对较小。人工分级效率较低，分级过程中的果实损伤无法控制。

（2）机械化分级

该方法是按果品的重量与预先设定的重量进行分级。重量分选装置有机械秤式和电子秤式等不同类型。机械秤式分选装置主要由固定的传送带上可回转的托盘和设置在不同重量等级分口处的固定秤组成。电子秤重量分选装置改变了机械秤式装置每一重量等级都要设秤、噪声大的缺点，一台电子秤可分选各重量等级的果品，装置大大简化，精度也有所提高（图8-26、图8-27）。

图8-26 分级包装车间（韩国）

图8-27 分级包装车间（新西兰）

（三）包装

精品果包装前可用机械脱毛，再进行分级（图8-28）。猕猴桃营销领域的包装是采后商品化处理的重要程序，它不仅可保护果品和便于销售，更是宣传产品和吸引消费者的一种媒介和载体。猕猴桃果品包装应具有以下几方面的功能。第一，猕猴桃为浆果，怕摩擦、碰撞、挤压，因此包装材料应具有一定的抗压强度。第二，猕猴桃果实容易失水，所以包装材料应具有保湿性能，又能兼顾其呼吸，以免果实无氧呼吸，发酵变质。第三，猕猴桃果实有后熟过程，常温下贮藏性能较差，对乙烯较为敏感，要求包装材料对气体有选择透性，并便于延长后熟期和催熟两方面技术措施的应用。第四，猕猴桃含有较多的维生素C和蛋白酶类，一次不宜食用太多，又为送健康的相宜礼品，故包装不宜太大，或宜用大包装套小包装。第五，包装要有艺术性，美观、大方、图案要突出果品特色。最后，包装要体现出商品性，注册商标、价位、果实规格（等级）、重量、数量、品种名称、生产基地、经营单位、出库期、保质期、食用方法、营养价值，甚至绿色程度（包含绿色水果所规定的各种有害物质的量）、联系电话等，都要明确标出（图8-29）。特级和一级猕猴桃果实建议单层托盘包装，果实之间应隔开。托盘由木板、硬纸板或硬塑料板制成10 ～ 15厘米深的托盘，里面衬以薄塑料或纸果盘，果盘为预先按不同级别果实大小和数量压好果窝、排列整齐的四方形凹凸版，装果时再铺以聚乙烯薄膜袋，将果品整齐一致地平放到每个果窝里，最后再盖上瓦楞纸和硬纸板制成的双层盘盖（图8-30）。软枣猕猴桃由于不耐贮藏，而且目前售价较贵，所以采用小盒包装方式（图8-31）。

如果采用先包装后贮存方式，则包装与分级同时进行，流水线作业。一条分级线上按垂直方向连接8 ～ 9条包装线，每条包装线上包装同规

图8-28 脱毛

图8-29 包装（韩国）

图8-30 包装（国内）

图8-31 软枣猕猴桃包装

格（级别）的果实（图8-26、图8-27）。果实依次入果窝，单盘果窝摆满后，盖上聚乙烯塑料薄膜，换另一托盘。

（四）销售

消费市场经营目前主要有以下几种销售形式。

① 与外贸部门联系出口，或者以县、地区为单位，自己组织出口。现在各级政府对于出口均给予大力支持，鼓励个人或单位直接对外贸易。

② 与国内大、中城市果品公司、企事业单位、宾馆、大型综合商场、量贩等联系，合同收购或建立定期、不定期供货关系。

③ 在大、中城市能提供销售场地的批发市场联系货位，自己组织运输和销售。

图8-32 果实销售（韩国）

④ 在各种广播、电视台做广告宣传，并在各大城市（图8-32、图8-33）和人口密集的地方设立推销供货站，有求必应，并负责售后服务（传授催熟技术等）。

⑤ 上网销售，在网上设立账户，网上做交易后送货上门。

⑥ 国内的采摘园，吸引消费者直接采摘，软枣猕猴桃较多（图8-34）。

图8-33 果实销售（新西兰）

图8-34 采后即食

第九章

11月底至翌年2月中旬（休眠期）管理

一、树体管理

（一）幼龄果园的整形管理

继续以培育主干与树冠为主。

如果第一年主干没有长足，冬季修剪时将主干枝剪留3～4个饱满芽，第二年春季从萌发的新梢中选择一个长势最强旺枝作为主干再培养。促发主干明年快速生长。

达到定干高度而未定干的选留健壮直立的枝条作为主干，在接近架高10厘米左右位置选择饱满芽处进行剪截，第二年春季促使在主干先端萌发新梢，选择芽位置相反、距离较近的2个新梢作为将来的主蔓进行保留。

已经定干的，在主干上端选留2条方向相反、生长健壮而充实的枝条，根据株距长度保留1.5米左右，将超过生长范围的主蔓剪回到各自的范围生长；如主蔓上已发生侧蔓，在主蔓两侧同侧间隔20～25厘米留一长旺枝，修剪到饱满芽处作为下年的结果母枝，长势中庸的中短枝可适当保留；保留的结果母枝与行向呈直角，相互平行固定在架面铅丝上，呈羽状排列。

（二）三年生及以上树体管理

1. 冬季修剪

（1）主要修剪方法

① 短截，是指对一年生枝剪掉一部分（图9-1）。根据剪截程度，可分为轻短截（只剪掉枝蔓梢部1/4～1/3）、中短截（剪掉枝蔓梢部1/2左右）、重短截（剪掉枝蔓梢部2/3左右）和极重短截（只在枝蔓基部留几个瘪芽）。轻短截主要在中长果枝蔓结果为主的美味猕猴桃上使用；中短截多在骨架枝蔓整形、衰老树的更新复壮和成枝蔓力弱的中华猕猴桃品种上使用较多；重短截在衰老树和下垂衰弱结果母枝蔓组更新整形中采用；极重短截在幼龄树背上枝蔓利用、培养小型结果母枝蔓组时采用。

图9-1 短截

图9-2 回缩

图9-3 疏枝

② 回缩，是指对多年生枝剪掉一部分（图9-2）。回缩对留下的枝蔓有加强长势、更新复壮、提高结果率和果实品质的作用；对于密植园，可以防止株间交错过多造成的树冠郁闭。

③ 疏枝，是指将一年生枝和多年生枝从基部疏除（图9-3）。疏剪可以使枝条分布均匀，改善通风透光条件，调节营养生长与生殖生长的关系，使营养集中供给保留枝条使用，促进开花结果。

（2）修剪原理及采用措施

对幼树以培育主干与树冠为主。未定干的选留健壮直立枝条，视架面高度选择1.8米左右位置一个饱满芽处剪截，保留枝条形成单主干（图9-4）。已经定干的在主干上端选留2条方向相反、生长健壮而充实的枝条培养成双主蔓（图9-5），长度保留1.0～1.8米，其余全部剪除。

成年雌株树修剪主要包括对结果枝、营养枝、结果母枝、徒长枝的修剪，要注意清除病虫，死、弱枝蔓（图9-6）。

图9-4 单主干

图9-5 双主蔓培养

图9-6 冬季成年雌株树修剪

结果枝结过果的部位没有芽眼，第2年不能抽生枝条，但结果部位以上的芽，形成早、发育程度好，留作结果母枝时，常能抽生较好的结果枝。修剪时，可根据其长度来确定修剪量，对长度在1米以上的徒长性结果枝，在结果部位以上留40～50厘米短截或8～10个芽处短截；长度在50～80厘米的长果枝和中果枝，在结果部位以上留30～40厘米短截，或在4～6个芽处短截；短果枝和短缩状果枝，由于剪后容易枯死，一般不修剪，当这类枝条结果衰老后，可全部疏除。

营养枝也称生长枝或发育枝。一般也根据枝条的长度来进行修剪，对长度1米左右的强的营养枝条，剪留60～70厘米；长度50～80厘米的中庸结果枝，剪留40～60厘米；50厘米以下的细弱枝一般不用的可疏除掉，需要时剪留10～20厘米。

猕猴桃由于年生长量大、节间较长，已结果部位是盲芽翌年不能萌发，极易造成结果部位外移，如不及时更新，在结果几年后的枝条上，常常出现内膛光秃、抽生新梢远离主蔓的现象，造成树势弱、产量低、果实品质差，所以冬季修剪时要注意对衰老结果母枝进行更新修剪。具体方法是，衰老母蔓基部有充实健壮、腋芽饱满的结果蔓或发育蔓，可回缩到健壮部位，这样可以避免结果部位外移。如结果母枝生长过弱或其分枝过高，冬季修剪时将其从基部潜伏芽处剪掉，促使潜伏芽萌发，为明年培养新的结果母枝打基础。由于从潜伏芽上萌发的新梢一般第1年不能结果，用这种更新方法如果处理不当，将导致产量下降。为避免减产，对结果母枝的更新要循序渐进，通常每年对全树1/3左右的衰老母蔓和继续结果2～3年的枝条进行更新。通过对结果母枝的逐年更新，保持树体健壮的生长势。

猕猴桃主干和主蔓上很容易抽生徒长枝，徒长枝下部直立的部分节间长、芽体扁平、较小，芽眼质量不高、发育不充实，一般从中部的弯曲部位起，枝条发育趋于正常，芽眼饱满、质量较高。在发育枝、结果枝数量不够时，可选做结果母枝，从良好芽眼处剪留40～50厘米；用作更新的徒长蔓，留5～8芽短截，第2年再从其上萌发健壮枝梢留作更新用；没有利用价值的徒长枝，应及时从基部除去，以免扰乱树形，消耗养分。

管理不善或不修剪的果园，枝蔓丛生，树冠下部光照不良处，结果枝蔓的自然更新死亡严重（图9-7）。

2. 采集接穗

结合冬季修剪或在扦插前1周左右进行接穗采集。根据经验，1年生的充实枝条扦插生根率最高，枝龄越大生根率越低。选择枝蔓粗壮、组织充实、芽饱满的一年生枝蔓，剪成20厘米左右长段，上下一致捆成小把，两端封蜡。如不立即扦插，需要进行沙藏，即一层湿沙，一层插穗埋于土中。沙子湿度以手握成团，松开即散为度。长期保存时，注意每1～2周翻查湿度是否合适，有无霉烂情况。

图9-7 修剪不到位，枝蔓丛生

（三）高接树的管理

1. 秋季嫁接接穗部位进行防寒

北方秋季进行高接换头的树体，由于伤口愈合不久，接穗刚刚开始生长，木质化程度较低，所以抵御严寒的能力较差，落叶以后采用通气性较好的薄膜、稻草等进行捆绑，对其安全越冬具有较好的保护作用（图9-8）。另外，容易受到冻害的幼龄果园，也可以在主干基部捆扎保护套，以防根颈冻害（图9-9）。

图9-8 高接芽保护

图9-9 幼树主干基部保护

2. 修剪

对秋季利用芽接方式高接的树体，剪掉接芽以上的砧木，以利于春季接芽的快速萌发、生长，达到更新品种的目的（图9-10）。

图9-10 芽接树接穗生长状态

（四）修剪后的工作

1. 绑枝

将修剪后保留的枝条均匀地绑缚在铅丝上，不能重叠（图9-11）。

图9-11 绑枝（新西兰）

2. 修剪后的枝条处理

冬季修剪后会产生大量的枝条，可使用枝条粉碎机进行集中粉碎（图9-12），然后腐熟后撒施在猕猴桃种植行中，既环保又有利于猕猴桃树体的生长。

3. 清园

将枝叶残体、枯枝一并深翻埋入土中，全园喷施5波美度石硫合剂，或用30%矿物油・石硫合剂75倍液清园。

图9-12 枝条粉碎

二、地面管理

（一）坚固架材

冬季修剪后，要对水泥桩进行检查，扶正歪倒桩、更换断坏桩，然后对架杆、架丝进行检查，把断杆、腐朽杆全部换掉，对所有架丝用紧线钳进行紧线打直，用锚固死。

（二）沟渠整理

疏通果园内外厢沟、围沟、排水沟及灌溉渠；山丘区整理渠系，修建蓄水池。

三、苗圃地管理

（一）起苗

1. 时间

在秋季落叶后至早春萌芽前都可进行。因为这一时期的苗木处于休眠状态，生理活动弱，水分损耗少，起苗时受损的根系容易恢复，栽植成活率较高。

2. 方法

起苗时应尽可能地保持苗木完整的根系，先在行间靠苗木一侧，距苗木15～20厘米处顺行挖30厘米深的沟断根，再从苗木的另一侧深挖，挖入苗木根系的下部起出苗木，发现有病虫害的苗木就地处理或销毁，禁止出圃。大风或雨天不要起苗。

（二）分级包装

做好分级工作是为了保证栽后果园的整齐度及生长势的一致性需要，起苗后应立即在背风的地方进行分级，标记品种名称，严防混杂。按照中华人民共和国国家标准《猕猴桃苗木》GB 19174—2010（表3-1）进行分级，然后将各级苗木，分别按50株或100株绑成捆（图9-13），便于统计、运输。出圃后的苗木如不能及时定植或外运，应进行假植（图9-14）。

图9-13 苗木分级

图9-14 苗木假植

（三）室内嫁接

主要采用舌接的方法进行嫁接，又称双舌接，此法多用在冬季进行室内嫁接时或春季萌芽前，适合于接穗与砧木粗度相等或接近的情况下。优点为砧穗形成层接触面大、愈合快，有利于成活。具体做法（图9-15）：

① 将砧木和接穗分别按第三章劈接法要求剪断，在砧木的剪口和接穗的下剪口光滑处分别削出倾斜25°～30°、长2～3厘米斜面，砧木和接穗分别在其距斜面尖头约1/3处，与纵轴平行，纵切深度约0.5厘米

切口，将砧木和接穗两个切口参差对接严密，一边或两边形成层对准，尽量不要错位。

② 用弹性塑料条分别将所有伤面包严绑紧，包括接穗上端。接穗上端剪口可用封蜡法，防止水分散失。

③ 室内嫁接好的嫁接苗，最好放在20～25℃保湿环境中25～30天，使其伤口充分愈合后，再栽入自然条件下的苗圃中。冬季如果外界温度过低，栽苗过程以及栽后，都要注意及时埋土或覆盖防寒。苗木根系极易受冻害，-1℃持续半小时就可出现根系冻伤。

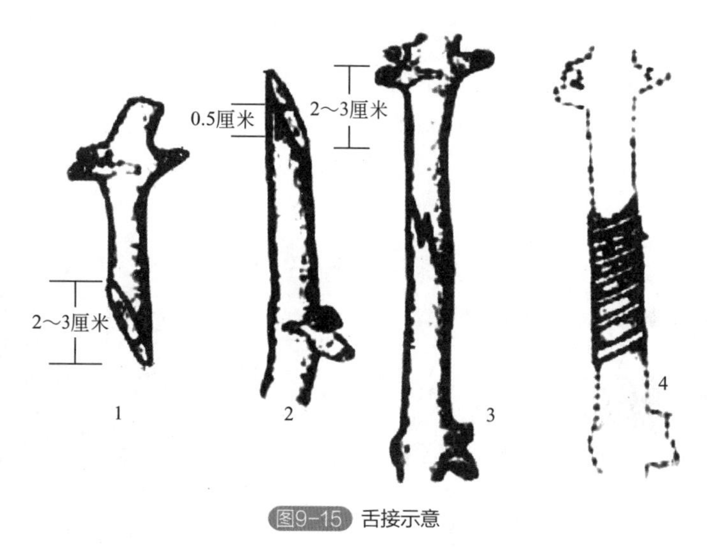

图9-15 舌接示意

1—削接穗；2—切砧木；3—接合接穗和砧木；4—包扎

（四）种子沙藏

在种子播种前60天左右进行沙藏（层积）处理，可以明显打破种子休眠、提高萌芽率，在河南地区一般在1月中旬进行，可以按照以下步骤进行处理。

① 种子事先用清水浸泡1夜，然后用0.5%～1%的高锰酸钾溶液浸泡处理30～40分钟进行消毒，控干。

② 取大河沙，去除石子杂质等，冲洗干净，同种子一样消毒，晾至半湿（手握成团，松开即散）程度。

③ 用底部有排水孔的容器或在田间挖一长方形坑（深50厘米左右，长度视种子数量的多少而定）。底层铺5～10厘米的半湿沙，其上铺10～20厘米厚的沙拌种子［沙：种子=(10～20)：1］，上面再盖3～5厘米厚的半湿沙，如此反复，最后在上面撒上防鼠虫药饵。

四、病虫害防治

容易受冻害地区要注意防寒。结合修剪，刮除老树翘皮、病斑、虫卵，清除园内枯枝、枯叶、枯桩，烧毁或沤肥，树盘浅耕3～5厘米铲除地下越冬害虫，再用5波美度石硫合剂喷洒树干、枝条及地面，对减少病虫基数，减轻来年病虫害作用很大。

针对溃疡病的预防要根据不同树龄果园区别对待。3年生以下幼龄或病重成龄植株，要连根整株去除，进行全园消毒补苗。3年生以上病害较轻园，要避开伤流期，锯除病枝、主干等，保留至距离发病部位30厘米以上健康位置，主干锯除的应从基部培养新主干上架，并配套避雨栽培（图9-16、图9-17）；轻微症状应刮除病斑及周围1～2厘米健康组织并涂药包扎，药剂可用石硫合剂、梧宁霉素、噻霉酮、氢氧化铜、代森胺等。所有病组织应集中焚毁或粉碎深埋，注意工具消毒。

图9-16 避雨栽培果园（湖北赤壁）

图9-17 避雨栽培果园（浙江绍兴）

五、新建果园

（一）整地

猕猴桃园整地方式因土壤类型、地势条件等有所区别。

1. 土壤类型

黄、红黏土等土壤透气性差、养分欠佳，建设猕猴桃果园要预先全园掺沙深翻并挖定植槽，增施有机肥、农作物粉碎秸秆等，进行土壤改良。沙土地或石砾河滩地，虽然疏松，但土壤瘠薄，要挖定植槽或大穴并多施有机肥来增加土壤肥力。河滩地属碱性，多施圈肥，可起到淡化碱性、改良土壤的作用，也可穴施草炭土，调节土壤pH值。山地土层较浅，也要挖定植槽或大穴增施有机肥，人为创造容易“扎根”的生长条件，来增加根域面积。

2. 地势条件

在低洼地等排水困难地或地下水位偏高地区建园，整地应沿树行起高畦，而行间较低。垄沟的深度视地块排水难易和当地雨量而定，如排水方便而雨量较少的北方，垄沟深度25 ～ 30厘米即满足排水要求；在排水不便和雨水多的南方，垄沟深度要增加到40厘米以上。以后随树体的生长，应加宽高畦，2 ～ 3年后变成沿树行高凸起，行间仅有一条宽

30～40厘米、深30厘米左右的沟，灌水时沿行间流水。

地下水位较低的平地，如以漫灌方式浇水，要平整土地，防止灌水时形成"跑马水"和因地面高低不平造成积水或干旱。

山区、丘陵地要沿等高线整平，地面整平后以拉出行线挖定植沟（穴）为宜。

3. 坡度类型

平地、缓坡地（坡度≤20°）建园时，要用深翻机全园深翻50厘米以上，并保证翻耕均匀、基底平整、不留硬地、不出现坑洼，尤其对地下水位偏高、长期浅耕操作、地表20厘米以下存在"生土层"的黏重、贫瘠土壤，不宜直接采用挖穴方式，挖穴定植不利于排水，雨季容易淹水烂根死树。

坡地建园，首先应做好园地的水土保持工作即修筑梯田，梯田是由阶面、梯壁、边埂和背沟组成。施工前，先清除园区内杂草和杂林，使坡面基本平整，阶面的宽度和梯壁的高度主要取决于山地坡度的大小和土层的深浅。在不同的坡度，阶面宽度每增加1倍梯田高度也增加1倍，填土量相应增加3倍。为了节省修筑梯田的人力物力，可采取梯壁的高度基本相同、阶面的宽度不同，筑成等高而不等宽的梯田。梯田修筑是先在每个小区内测出等高线，并按"大弯就势，小弯取直"的原则进行修整。梯田从上坡向下坡修筑，边筑阶壁，边填阶面；表土填于底层，心土铺于表层，直到修整阶面达到设计要求。新修的梯田，因土壤重力、降雨或灌溉等的影响，梯田填土部分逐渐沉实，出现阶面外斜或下陷现象，应于每年春季结合土壤管理，对边埂和背沟进行修整。

（二）挖定植沟

整地完成以后，预先标出定植沟位置（图9-18）。因猕猴桃属浅根性树种，根系扩展的面积比较大，所以挖定植沟（或槽）一般宽1米、深60～80厘米。采用挖掘机挖坑时（图9-19），要把20～30厘米深表土和底下的生土分别放在坑的两边。沟内先回填0.2～0.3米深的秸秆、杂草等有机物（特别是黏重土壤）（图9-20、图9-21），然后将腐熟的人、畜粪与过磷酸钙（每公顷施750～1125千克）、表土充分混合，拌匀，填到秸秆等肥料的上部0.4米左右（图9-22），最后填生土至高出地面0.1米左右、压实（图9-23）。填满沟后要浇一次“塌地水”。有些土壤较为肥沃且较为疏松的地块，为方便操作，整平土地后直接把肥料均匀撒在定植带上，用深翻机旋入地中。在低洼地等排水困难地或地下水位偏高地区建园，整地应沿树行起高畦，而行间较低（图9-24）。

图9-18 标出定植沟位置

图9-19 挖掘机挖坑

图9-20 槽内先回填枝条

图9-21 槽内先回填枯草

图9-22 施入肥料与表土等混合物

图9-23 回填土

图9-24 沿树行起高畦，而行间较低

（三）搭架

1. 建架材料

猕猴桃园搭架是需要成本投入的重要项目之一。目前生产中常用的有水泥制杆、木材杆、钢管杆等与钢绞线、钢丝结合搭成各种架型（图9-25～图9-29）。从经济、耐用的角度讲，水泥制杆应当是首选，但存在改种其他经济作物时水泥制杆处理较困难、不可再回收利用，对环境有影响等缺点。木材杆比较环保，但耐用性较差、不牢固，用材量大，在生产中较难推广。镀锌钢管杆坚固耐用，价格略高于水泥杆，且环保，可回收再利用，推荐使用。在生产中到底选用哪种架材，还应考虑到当地的实际情况，要做到既经济节约，又简单实用。

图9-25 水泥制杆T型架（国内）

图9-26 钢管杆与水泥制杆结合（意大利）

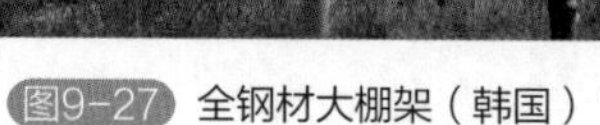
图9-27 全钢材大棚架（韩国）

图9-28 木材杆大棚架（智利）

图9-29 水泥架材水平大棚架（国内）

猕猴桃支架主要包括主杆、铅丝、横杆、斜杆等。各种架材规格见表9-1。生产上一般用5～8号铅丝。

表9-1 三种架材规格

规格	水泥制杆	木材杆	钢管杆
主杆长度／米	2.4（内含4道钢筋）	2.4	2.2（不含底座）
斜杆长度／米	2.6	2.6	2.4（不含底座）
主、斜杆粗度／厘米	12×12（内含4道钢筋）	15×15	5～6
横杆长度／厘米	任意	任意	任意
横杆粗度／厘米	0.8×0.8（内含4道钢筋）	10×10	5～6
钢丝／号	5～8	5～8	5～8
钢绞线／毫米	直径0.6左右	直径0.6左右	直径0.6左右

注：来源于陈永安等，2012。

2. 架式

（1）大棚架

通常指水平大棚架，即在立柱上设横梁或牵引粗铅丝，再在其上拉铅丝，呈纵横方形的网络状，架面与地面平行，形似一个平顶的大荫棚（图9-30～图9-32），故称水平大棚架。该架型在国外的新西兰、日本及我国许多产区应用得较多，十分适合平地果园和庭院栽培采用。可分为软架和硬架（图9-30）。软架适宜于面积较大的田块，因为它四周都需要埋设地锚，需大型边杆和斜杆较多，如果地块小，会浪费土地，而且不便作业。硬架适宜于面积较小，特别是狭长地块，因为它需要架横杆，成本比软架高40%左右。棚架优点是可充分利用地形的优势，架面平整，采光均匀一致，果实产量高、品质好；结构牢固，抗风能力强；果实采

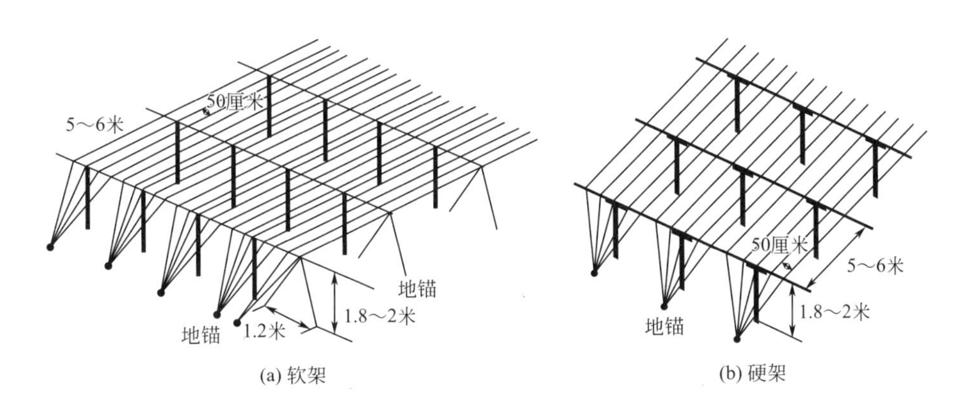

图9-30 大棚架

（图片来源于陈永安等，2012）

图9-31 大棚架（国内）

图9-32 钢架结构水平大棚架（国内）

收方便，而且成形后可减少除草等劳动消耗，适合生长旺盛的品种。缺点是整形时间较长，一般4～5年方可成形，投产迟；架式成形后通风条件不是很理想，生产中管理操作不很方便，建架成本较高。

（2）T形小棚架

T形小棚架是在立柱上设一横梁，构成一个形似“T”字形的小支架，其架面较水平大棚架小，故称T形小棚架（图9-33、图9-34），适宜于不规则地块和高低不平的地块。优点是它可以独立存在，方便灵活，建架成本较低且建架容易；便于田间操作管理，可有效减少劳动消耗；通风透光条件好，投产较早，产量和果实品质都不低于大棚架。缺点是抗风能力相对较弱，架面不易平整，易倒塌；果实品质较好但不一致，在生产实践中还需不断改良，如新西兰采用的带翼T形架（图9-35）。

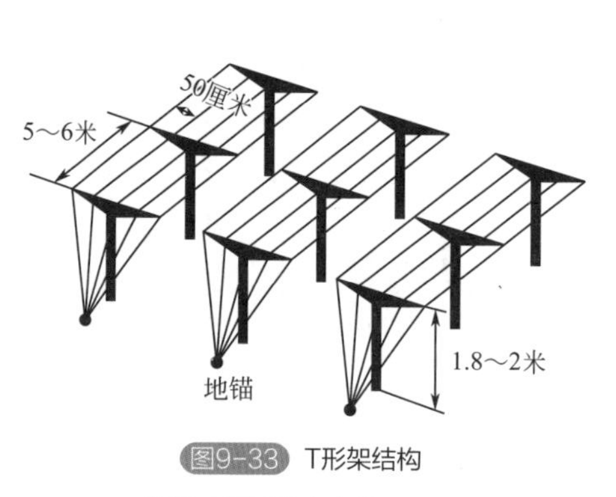

图9-33 T形架结构

（图片来源于陈永安等，2012）

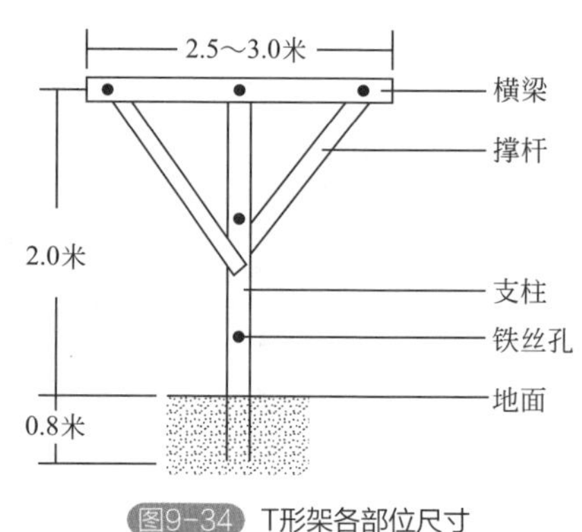

图9-34 T形架各部位尺寸

图9-35 新西兰改良的带翼T形架

（3）篱架

篱架的架面与地面垂直，形似篱壁，故称篱架，是二十世纪七八十年代国内应用较多的一种架式（图9-36）。按枝蔓在架面上的分布形式、层数不同可分为双臂双层水平型、双臂三层水平型和多主蔓扇形等多种形式，现在生产上应用较少，是为了提高棚架早期产量作为一种过渡架型使用。

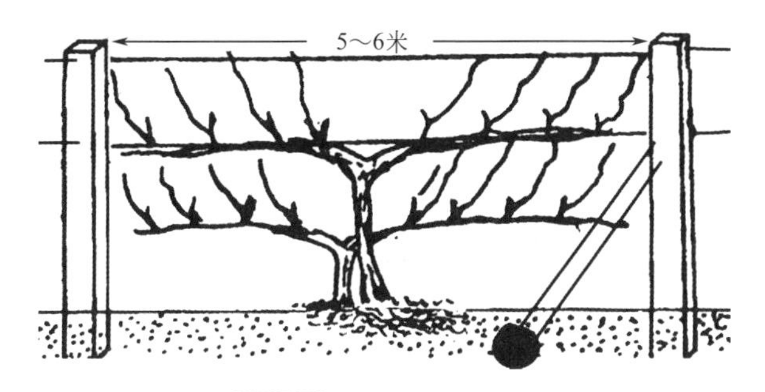

图9-36 篱架双臂双层整形

（4）牵引式管理法修剪

目前国内外很多果园采用一种新型的枝蔓管理方式（图9-37、图9-38）。生长季一年生枝普遍往两侧拉枝上架，冬季再将它们放下来，形成结果母枝，结过果以后冬季普遍剪掉，如此反复，方便果农掌握，而且会使产量增加。

图9-37 牵引式整枝（国内某果园）

图9-38 牵引式整枝（新西兰）

（5）山地架型

山地建园搭架材时要根据坡度、走向灵活搭架，例如浙江在山地建园时主体仍然使用了大棚架，但是架面高度较低、网格较密、四周地锚较多，以利于加固架型（图9-39～图9-41）。

图9-39 山地果园冬季

图9-40 山地果园生长季

图9-41 坡度大的山地果园

（四）苗木定植

方法同第三章“新建园苗木定植或缺苗补栽”部分内容（图9-42）。

图9-42 苗木定植

猕猴桃果园
周年管理日历

猕猴桃果园周年管理日历

时间	幼龄果园	三年生及以上果园	高接园	苗圃地	主要病虫害防治对象
2月中旬至3月下旬（萌芽前）	苗木定植、缺苗补栽；已定植果园去除防寒物，根部灌施高氮型水溶液50克/株1次；视果园墒情灌水	绑蔓，追施肥1次，以速效氮肥为主，配少量磷、钾肥；视果园墒情灌水	老果园品种更新高接；视果园墒情灌水	实生苗进行品种嫁接、实生育苗苗床准备、硬枝扦插	溃疡病、根结线虫等以及预防倒春寒
3月下旬至4月下旬（萌芽期至开花前）	定干、抹芽、立支柱、摘心；根部灌施高氮型水溶液50克/株1次；视果园墒情灌水；行间生草或间作、行内可覆盖	花前复剪、疏花蕾；追施肥1次，以速效氮肥为主，配少量磷、钾肥；视果园墒情灌水；行间生草、行内可覆盖	抹芽、检查春季嫁接成活情况，未活及时补接；视果园墒情灌水；行间生草、行内可覆盖	嫁接苗检查春季嫁接成活情况，未活及时补接；硬枝扦插苗木控温、管理水分；实生育苗播种	蚜虫、藤肿病、缺铁性黄化病、花叶病毒病、倒春寒
4月下旬至5月中旬（开花期）	除萌、抹芽、去花蕾；根部灌施高氮型水溶液50克/株1次；视果园墒情灌水、果园覆盖；加强间作物管理	人工辅助授粉、疏花疏果；施用中微量元素肥2千克/亩+高钾型复合肥250克/株+硫酸钾镁复合肥100克/株；视果园墒情灌水，加强行间草管理	除萌、抹芽、去花蕾；视果园墒情灌水；行间生草或间作，行内可覆盖	0.1%尿素喷淋，春季播种实生苗；嫁接苗检查成活情况，若没有成活及时补接；搭设遮阳网	花腐病、蚜虫、金龟子等
5月中旬至6月下旬（谢花后至果实膨大期）	幼龄园整形，遮阳；果园覆盖、根部灌施高氮型水溶液50克/株1次，视果园墒情灌水。科学采用化学除草；加强间作物管理	摘心、果实套袋、雄株进行花后修剪、叶面喷肥；果园覆盖，追施复合肥，视果园墒情灌水；加强行间草管理	遮阳，视果园墒情灌水；加强行间草管理	进行绿枝扦插；摘心、解绑、绑缚、遮阳、浇水，注意防治立枯病、蝼蛄等。用0.3%尿素液每15天喷淋一次	蝽象、斑衣蜡蝉、叶蝉、叶螨等；灰霉病、褐斑病、花腐病、叶溃疡病、病毒病等

续表

时间	幼龄果园	三年生及以上果园	高接园	苗圃地	主要病虫害防治对象
6月下旬至8月下旬（新梢旺长期）	幼龄园树体整形；根部灌施平衡性水溶液50克/株1次，隔1个月高钾型水溶液50克/株1次；视果园墒情进行排、灌水，加强间作物管理	疏梢、剪梢、短截、摘心、环剥；施优果肥，以化肥为主，氮：磷：钾=2：2：1，适当补充微量元素；视果园墒情进行排、灌水，加强行间草管理	解除嫁接塑料条、绑缚；视果园墒情进行排、灌水；加强行间草管理	实生育苗播种基地进行间苗、移栽；其他苗木施钾肥或复合肥1次，绿枝扦插苗木应注意保湿	日灼病、褐斑病、疮痂病；桑白蚧、斜纹夜蛾、红蜘蛛、蝽象
8月下旬至11月底（采果前至果实采收）	继续整形，实生苗建园可嫁接品种接穗、主干涂白；秋施有机肥基肥，视果园墒情进行排、灌水，加强间作物管理	夏季修剪、叶面喷肥、果实采收、主干涂白；秋施有机肥，视果园墒情进行排、灌水，加强行间草管理	老果园品种更新高接；秋施基肥，视果园墒情进行排、灌水；加强行间草管理	施肥、摘心、牵引管理；实生苗地径0.7厘米左右粗度可嫁接	褐斑病、软腐病、黑斑病、线虫病、根腐病；斜纹夜蛾、蠹蛾、介壳虫、蜗牛、斑衣蜡蝉
11月底至翌年2月中旬（休眠期）	已建果园修剪、防寒；全园喷5波美度石硫合剂或用30%矿物油·石硫合剂75倍液清园；坚固架材、沟渠整理；新建果园规划、整地、土壤改造、搭架、苗木定植	采集接穗、冬季修剪、枝条粉碎还田、全园喷5波美度石硫合剂或用30%矿物油·石硫合剂75倍液清园；树干涂白；坚固架材、沟渠整理	秋季嫁接接穗部位进行防寒，枝条粉碎还田、冬季修剪、全园喷5波美度石硫合剂或用30%矿物油·石硫合剂75倍液清园；树干涂白；坚固架材、沟渠整理	起苗、分级包装销售，防寒；室内实生苗嫁接、种子沙藏	防溃疡病、介壳虫等

参考文献

[1] 袁飞荣，王中炎，卜范文，等. 夏季遮阴调控高温强光对猕猴桃生长与结果的影响. 中国南方果树，2005，34（6）:54-56.
[2] 秦继红. 秦美猕猴桃结果枝摘心对产量和品质的影响. 山地农业生物学报，1999，18（6）:396-398.
[3] 黄发伟，刘旭峰，樊秀芳，等. 海沃德猕猴桃早春摘心防风技术研究. 西北农业学报，2010，19（3）:203-206.
[4] 施春晖，骆军，张朝轩，等. 不同果袋对‘红阳’猕猴桃果实色泽及品质的影响. 上海农业学报，2013，29（3）:32-35.
[5] 邱宁宏，罗林会. 猕猴桃园除草剂药效试验. 中国南方果树，2012，41（2）:88-90.
[6] 何科佳，王中炎，王仁才. 夏季遮阴对猕猴桃园生态因子和光合作用的影响. 果树学报，2007，24（5）:616-619.
[7] 陈永安，陈鑫，刘艳飞. 猕猴桃架型研究. 北方园艺，2012，（14）:56-57.
[8] 郭耀辉，刘强，何鹏. 我国猕猴桃产业现状、问题及对策建议. 贵州农业科学，2020, 48（07）:67-93.
[9] 齐秀娟，郭丹丹，王然，等. 我国猕猴桃产业发展现状及对策建议. 果树学报，2020，37（5）:754-763.